良匠开物

谭刚毅 曹筱袤 徐利权 著

湖北工建『102』时期三线建设工程实录

从书主编 谭刚毅 郭迪明

湖北省工业建筑集团有限公司 企业史丛书

华中科技大学出版社
http://press.hust.edu.cn
中国·武汉

图书在版编目（CIP）数据

良匠开物：湖北工建"102"时期三线建设工程实录/谭刚毅，曹筱袤，徐利权著. —武汉：华中科技大学出版社，2022.10
ISBN 978-7-5680-8841-1

Ⅰ.① 良… Ⅱ.① 谭… ② 曹… ③ 徐… Ⅲ.① 工业建筑-介绍-中国 Ⅳ.① TU27

中国版本图书馆 CIP 数据核字（2022）第 194694 号

良匠开物——湖北工建"102"时期三线建设工程实录　　　谭刚毅　曹筱袤　徐利权　著
Liangjiang Kaiwu——Hubei Gongjian "102" Shiqi Sanxian Jianshe Gongcheng Shilu

策划编辑：易彩萍
责任编辑：易彩萍
封面设计：黄　潇
责任监印：朱　玢
出版发行：华中科技大学出版社（中国·武汉）　　电话：（027）81321913
　　　　　武汉市东湖新技术开发区华工科技园　　邮编：430223
录　　排：华中科技大学出版社美编室
印　　刷：湖北金港彩印有限公司
开　　本：710mm×1000mm　1/16
印　　张：13
字　　数：257 千字
版　　次：2022 年 10 月第 1 版第 1 次印刷
定　　价：98.00 元

《湖北省工业建筑集团有限公司企业史丛书》
编委会

湖北省工业建筑集团有限公司（以下简称湖北工建或工建）1950年于天津创立。公司成立至今，前后参与了以第一汽车制造厂、包头钢铁厂为代表的国家"156项工程"、人民大会堂（北京十大建筑）为代表的国家献礼工程，承担了以第二汽车制造厂（现东风汽车集团有限公司，以下简称二汽）建设为代表的三线建设以及土耳其阿特拉斯电厂建设为代表的"一带一路"海外建设等众多与国家发展息息相关的建设项目。在70年企业发展历程中，一代又一代的工建人始终出现在祖国建设的第一线，为祖国建设挥洒青春。纵观湖北工建的发展史，参与三线建设的历程无疑是其中浓墨重彩的一笔。三线建设不仅是湖北工建扎根湖北的起点，更见证了湖北工建引以为豪的参与建设二汽的发展历程。对于湖北工建而言，"102"是一个特殊的数字。"102"是湖北工建在三线建设"备战、备荒、为人民"的紧迫要求下，临危受命建设十堰二汽时102工程指挥部的简称。在艰苦的建设环境下，"102"建设者为了顺利完成建设任务，前赴后继、日夜奋战，涌现出众多劳动楷模。"102"的历史构成了工建人企业精神和红色基因的重要组成部分。

20世纪60至80年代，我国在备战背景下进行的一场规模浩大的工业转移运动，史称"三线建设"，三线建设是中国历史的重要组成，是重要的共和国记忆。习近平总书记于2019年在《求是》杂志中发表了重要文章，肯定了三线建设等重大战略决策。中宣部也在2018年将"艰苦创业、无私奉献、团结协作、勇于创新"的"三线精神"列入国家民族精神、奋斗精神。作为三线建设的践行者，湖北工建是三线精神的创造者和传承者，是研究三线建设建成空间以及蕴含红色精神的重要样本。

本书作为《湖北省工业建筑集团有限公司企业史丛书》中的一册，着眼于记录湖北工建历史上建设的三线工厂中的经典建筑。本书选取的建筑案例希望从三方面来回应这些建筑的"经典性"。首先是三线建设时期建设量最大、最为重要的建筑类型——工业厂房。以厂房为代表的工业建筑是中华人民共和国成立初期建筑业最重要的建筑技术研究和建设对象。十堰的二汽作为三线建设的代表，其众多专业厂房收录为本书的典型案例。其次是对十堰、襄阳城市影响较大的公共建筑，这类建筑以俱乐部、剧场及体育场为代表。通过调查问卷和口述访谈了解到，食堂与子弟学校给这些三线建设者留下了最深的印象，故相关建筑也被纳入调研范围并收录。

这些建筑或许稀松平常，但它们呈现出一个时代的特性，凝聚着几代人的情感记忆，因而它们是这个时代的"经典"建筑，对这些三线建设者来说尤其如此。因此通过案例解读，我们希望从两方面来体现这些建筑的"经典性"。首先是学术上的重要性。我们选取了工厂、宿舍、礼堂、俱乐部、体育场、学校六种建筑类型，希望从工作、休息、文化娱乐等不同方面立体展现"102"建成的建筑项目对城市居民日常生产生活不同方面产生的影响，从而体现其对中国城市发展所带来的重要作用，并从中提炼出一以贯之的时代精神。其次是这些建成项目所承载的工建人深沉的时代回忆，我们通过对"102"建设者的口述访谈，收集并整理与案例相关的回忆和故事。希望将这些真实的人和事与其承载的真挚感情记录下来，为读者提供感性上的认知。最后，除了具体的案例解读，我们还通过对历史档案的研究梳理了三线建设期间"102"建设者在施工技术和施工管理方面的创新。与案例研究类似，同样从文献研究与亲历者的回忆访谈两个角度展开。书中很多建造过程和生活细节都是通过访谈当年的亲历者而获得并还原，希望立体地展现建造技艺以及其所蕴含的时代记忆。

湖北工建的建设史是中国城市发展历史的部分缩影，工建人对每一个建成项目都倾注了浓厚的感情。然而由于历年来项目数量十分庞大，时间跨度长，不少十分重要的资料记录已经缺失；或者有些建筑属于涉密单位，不便开展研究；抑或是建筑本身年久失修，甚至随着城市的发展被拆毁，无迹可寻。这些客观因素为我们的研究与剖析带来了困难。因此，在案例的选择上只能根据项目实际情况和资料的完备程度进行权衡，选取部分项目进行解读，也为将来的研究提供线索、埋下"伏笔"，随着文献资料的不断完善，对那些重要的建筑项目的研究也会在后续逐渐展开。

良匠，善造者。"102"建设者在极其艰苦的建设环境下，利用扎实的专业技术和艰苦奋斗、不怕艰辛的革命精神艰苦创业，在短短几年时间内平地起高楼，顺利完成了十堰二汽主要厂房的建设，为实现国家战略计划，保证二汽顺利投产提供了坚实的基础。在面对一个个攻坚难题时，"102"建设者团结协作、不分你我、勇于创新，改进已有的建设技术，创造新的建造方法，克服并创造性地解决一个个生产难题。"102"建设者用自己的亲身经历为我们生动地讲述着"艰苦创业、无私奉献、团结协作、勇于创新"的三线精神。在艰苦岁月，"苦干加巧干"，在新的历史时期，"守拙"奋进，精进创新，创造一个个新辉煌，建造一栋栋新经典建筑。在茫茫荒原中，或是荆棘瓦砾中，一栋栋建筑拔地而起，万物为友，开物成务。作为建设者，通过自己的双手和劳动更多地为他人创造出生产和生活的空间环境，并将美好留给后来的使用者——这是一种开拓奉献的精神，良匠之名，开物之道，方直之德，当之无愧。

波澜壮阔百年路，砥砺奋进新征程。70年前的工建前辈，响应国家号召，南征北战，参与中华人民共和国国防和经济建设；70年后，恰逢世界百年未有之大变局的新时代，"三线精神"依旧能赋予当代青年人责任意识与使命担当。然而在当下的青年群体中，三线建设却鲜为人知。同时，在如今快速城市化的背景下，众多三线建筑被相继拆除，对于三线建成遗产的保护与活化利用，以及对其蕴含的"三线精神"的挖掘与当代传承等问题的研究已经迫在眉睫。我们希望以本书为契机，呈现当年建设者们伟大的奉献精神和建设成就，揭示这些平凡人和平凡建筑的不平凡之处。

目 录

第一章　102 工程指挥部与二汽建设 / 001

1.1　初期探索克服重重阻力（1966—1968 年）　/ 003

1.2　破土动工二汽建设大会战（1969—1972 年）　/ 005

1.3　"设计革命"与质量大返修（1973—1976 年）　/ 007

1.4　积极调整应对变化市场（1977—1983 年）　/ 009

第二章　工业建筑建设实绩 / 011

2.1　十堰工业建筑建设概况　/ 017

2.2　工业建筑典型案例　/ 026

2.3　历史图档与分析　/ 047

第三章　文体建筑建设实绩 / 055

3.1　文化背景与建设概况　/ 056

3.2　文体活动空间形态　/ 057

3.3　经典文体活动空间　/ 059

3.4　"102"建设者的文体生活　/ 074

3.5　集体意志的塑造　/ 086

3.6　图纸档案与分析　/ 088

第四章　生活区建筑建设实绩 / 097

4.1　居住建筑　/ 098

4.2　住宅类建筑案例　/ 106

4.3　子弟学校　/ 113

4.4　食堂　/ 117

4.5　图纸档案与分析　/ 122

第五章　施工技术传承与创新　/ 131

5.1　概述　/ 132

5.2　版筑与干打垒建筑　/ 133

5.3　预制装配与"大板"建筑　/ 143

5.4　预制吊装与联合加工厂　/ 145

5.5　其他技术与应用　/ 148

第六章　施工组织动员与工地社会　/ 153

6.1　施工人员组织　/ 157

6.2　施工动员形式　/ 164

6.3　施工组织创新　/ 170

附录　"102"建设者口述访谈　/ 175

后记　/ 197

良匠开物——湖北工建"102"时期三线建设工程实录

第一章

102 工程指挥部与二汽建设

20世纪60年代，在紧张的地缘环境下，毛主席提出开展"三线建设"的重要指示。国务院做出相应部署，在全国范围内展开了轰轰烈烈的三线建设。在这股建设浪潮中，二汽在经历"三次筹备两次下马"后，最终选在了湖北十堰。一时间，来自全国各地的数支建筑大军汇集鄂西北郧阳山区，在十堰的大山深处拉开了二汽建设的序幕。二汽建设初期，不仅面临着资金、材料、技术的问题，也面临体制、方法、路线的困扰；既有政治运动的干扰，又有内部建设过程中的艰难困苦。在这个过程中，广大的"102"建设者们展现了无穷的智慧和力量，最终克服了二汽建设过程中的困难、干扰和阻力，为三线建设做出了卓越贡献。如今回首二汽的建设历程，作为二汽建设主力军的"102"能够在短短数年内完成如此复杂的建设任务，其建设过程惊心动魄，不知道遇到多少的艰难和险阻，经历了多少的跌宕起伏。

二汽由27个专业厂组成，厂房建筑体现出十分明显的时代特色。时至今日，这些建筑大多保存完好，其中凝聚着丰富且极具价值的信息，为当下的分析和研究提供了翔实的素材。二汽的建设工地分布在从白浪到黄龙几十千米的战线上（图1-1）。从1966年动工至1975年二汽首个车型投产，作为二汽建设的主力，102工程指挥部相继完成了二汽各专业厂的大型厂房和生产生活配套项目的建设任务。除厂房和房屋土建部分外，"102"也承担了生产线的安装。在二汽560条生产线，117条自动线，以及全厂的供电、供排水、通信、铁路、道路、防洪、设备安装、环保等工程中，也能看到"102"建设者

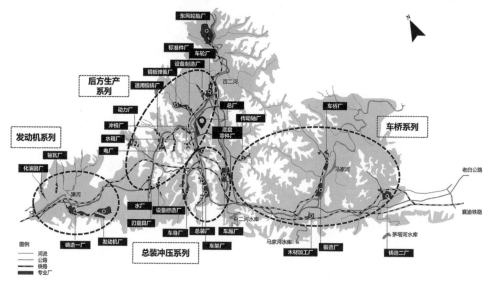

图1-1　第二汽车制造厂厂区布局

（来源：何盛强绘制）

的身影。"102"建设者在山沟里建起了一个庞大的二汽汽车工业体系，为我国现代化机械工业、汽车工业、国防工业的建设做出了重要贡献。对于 20 世纪六七十年代从建筑工程部 102 工程指挥部走过来的"102"建设者而言，这段建设二汽的时光是永远难以忘怀的记忆，是湖北工建企业历史中重要的篇章。

1.1 初期探索克服重重阻力（1966—1968 年）

从筹备、选址到大规模建设，二汽的建设成果来之不易。1952 年，在抗美援朝期间，毛主席提出"光一个一汽制造厂是不够的，要建设第二汽车厂"，至此二汽的建设被首次提出。同年，周总理访问苏联时再次提出建设二汽。次年 7 月，二汽筹备处成立，这是二汽的第一次"上马"。1958 年夏末，中共中央再次提出筹建二汽，毛主席提出要调一个师在湖南建设二汽。然而，由于 1960 年自然灾害和国民经济困难，二汽的上马再一次"无疾而终"。1964 年，党中央根据国际形势，面对美国和苏联及敌对势力对我国的安全威胁，及时做出了三线建设的重大决策。在此背景下，作为三线建设中的重点工程之一的二汽再一次被提出，由此正式拉开了二汽建设的帷幕。二汽的选址确定后，第一批建设队伍于 1966 年末进入十堰。1967 年 4 月 1 日，二汽举行开工仪式（图 1-2），第一批建设项目包括通用铸锻厂、设备修造厂、机动处、供应处、专业厂际通讯处等众多专业厂，但开工后很快停工，建设队伍也大部分撤回。

位于秦巴山区南麓的十堰地处秦岭褶皱系大地构造区，地形切割感强烈，十堰山区的地形地貌可以有效地遮蔽厂房建筑。同时，山岭中广泛分布的变质岩，岩体较软，适宜进行地形改造①。然而，适宜隐蔽的山区地形也为施工带来了众多挑战，其中最大的挑战便在于交通不便。施工过程中又恰逢"文化大革命"的动荡岁月，受此影响，中国第二汽车制造厂建设历经了数次停工。

1969 年 1 月，国务院批准在十堰召开二汽现场会议，由武汉军区介入，以军事管制方式组建二汽建设队伍，成立了二汽建设总指挥部。至此开始，各路人马顶着"文化大革命"的压力，提出"抓革命就是建二汽""抓紧三线建设"

---

① 十堰市自然资源和规划局.十堰地质灾害隐患点基本情况（2016 年版）［OL］.（2016-07-19）［2021-6-6］.http：//gtzy.shiyan.gov.cn/zwgk/yjgl_994/yjcs_998/201607/t20160719_478989.shtml.

"让毛主席睡好觉"等口号，开始了紧锣密鼓的筹建工作。1969年9月，建设队伍在十堰从东至西近百千米的战线上开工破土，拉开了二汽建设大幕（图1-3）。

图1-2　1967年4月1日，二汽开工典礼在十堰举行

（图片来源：湖北工建提供）

图1-3　1970年，"102"工人在邓湾码头搬运建材

（来源：郭迪明先生提供）

良匠开物——湖北工建"102"时期三线建设工程实录

1.2 破土动工二汽建设大会战（1969—1972年）

　　为了提高建设效率，中国人民解放军建筑工程部军事管制委员会做出批示："实行一元化的领导，打破重叠的行政机构，精兵简政，组织起一个革命化的联系群众的领导班子。""各工程团、厂、医院、处，分别建立革命委员会，直接受一〇二指挥部革命委员会领导"[①]（图1-4）。1969年5月，国家建筑工程部所属的工程八局、六局、北京建工局等调动近四万精英力量奔赴湖北十堰。至此，担负二汽主要建设任务的建筑工程部102工程指挥部应运而生，"102"这个名字在十堰市家喻户晓。建设初期，102工程指挥部有正式职工3.3万人，临时工7000多人，共计4万余人。

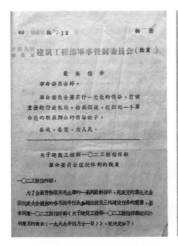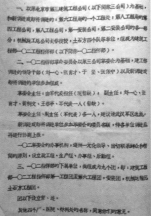

图1-4　关于建筑工程部102工程指挥部革命委员会组织体制的批复

（图片来源：湖北工建提供）

　　1969—1972年的艰苦建设使二汽各专业厂区初具规模，这三年时间是二汽建设的关键阶段，也是"102"建设者最难忘的一段时光。1970年，全国计划会议提出"以阶级斗争为纲，狠抓战备，促进国民经济的新飞跃"的口号，强调集中力量建设大三线战略后方，掀起了大规模建设的高潮。然而，在交通运输

---

　　① 中国人民政治协商会议湖北省十堰市委员会文史和学习委员会．十堰文史［第十五辑］三线建设·"102"卷（上）［M］．武汉：长江出版社，2016．

不便、缺乏山区建厂经验的情况下，二汽的建设频频遇阻，在内部也存在着很大的分歧。

建设初期，建材供应是个大问题。十堰本地不生产水泥、钢筋等建筑材料，大多需要在其他省市采购，最基础的砂石也是如此。同时，由于建设基地大多位于十堰山区，缺少道路等基础设施，导致运输能力不能跟上建设速度，时常出现停工待料的现象。在此背景下，"102"提出"没有条件创造条件也要上"来保证工程正常进行。团部和营部集中组织职工解决运输问题，厂房梁柱和屋架所需螺纹钢的运输任务也是由"102"工人用手抬肩扛的方式完成，男女老少齐上阵，一辆辆小推车连推带拉，运输队伍浩浩荡荡很是壮观。

建设初期，"设计革命"中的"四重改四轻"思想对"102"早期的施工产生了重要影响。所谓"四重"，即重基础、重柱子、重屋架、重屋面；四轻，即轻基础、轻柱子、轻屋架、轻屋面[1]。1970年3月，红卫地区建设总指挥部指示："'设计革命'要在花果片大搞，将四重改为四轻。""四重改四轻"思想为解决早期由缺乏建材带来的建设困境起到了一定的作用，然而过度强调节约也为二汽建设中期的大返修埋下了隐患。

另一项在"设计革命"影响下在二汽建设初期大面积推广的是"干打垒"建筑。干打垒是一种源自传统民居中土筑墙的建造技术，为了尽可能地降低运输量，降低造价，二汽的早期建设中也广泛运用了干打垒。由于干打垒技术门槛低、因地制宜、就地取材等特性，成为解决二汽早期住房、办公用房和仓库建设的首选建造技术。干打垒建筑加快了二汽建设初期的整体施工速度，打开了"万事开头难"的困难局面，也积累了部分施工组织与施工动员有关的经验，为二汽顺利竣工打下了基础。然而，用干打垒来建造厂房和高层楼房是存在争议的（图1-5）。对于抗震和结构要求较高的工业建筑来讲，干打垒建筑使用年限短、抗灾害能力以及结构强度差。在工业建筑中使用干打垒技术同样也为之后二汽建设中期的大返修埋下了隐患。

二汽的初期建设是一场完全从无到有的战斗。"102"建设者们秉承大无畏的革命乐观主义精神，住"芦席棚""干打垒""点马灯"，在极其艰苦的环境下完成了二汽初期建设任务，在30多个山谷里播种耕耘成长起来的27个专业厂，560条生产线，117条自动线，在缺水、少电、运输困难的环境下，"102"建设者克服万难开山辟谷、平整场地、起屋建厂、安装设备。

---

① 中国人民政治协商会议湖北省十堰市委员会文史和学习委员会．十堰文史［第十五辑］三线建设·"102"卷（上）［M］．武汉：长江出版社，2016．

图 1-5 1972 年 5 月 19 日，"102"一团在进行厂房干打垒墙面施工

（图片来源：郭迪明先生提供）

1.3 "设计革命"与质量大返修（1973—1976 年）

　　1972 年底，二汽已初具规模，各个专业厂已纷纷建起。国家建委做出决定，同意原北京调来的"五七一"团、"五七二"团、"五七三"团的施工队伍调回北京。原 102 工程指挥部各单位组建为湖北省建委第一建筑工程局，继续承担二汽和十堰市建设（图 1-6）。

图 1-6   "102" 机运团吊装营在二汽总装厂吊装施工

(图片来源：湖北工建提供)

　　1974 年，二汽建筑集中的"大返修"开始，工作内容为屋面墙面工程及轻钢屋架的加固。部分厂房地基基础、钢筋混凝土柱、鱼腹式行车梁等问题较少，需要翻修的问题主要集中在屋盖系统，包括轻型钢屋架系统、单槽瓦、四波瓦和保温层，以及屋盖带来的局部漏雨，冬冷、夏热，导致车间内不能正常生产等问题。由于"设计革命"中过度强调节省材料，导致二汽早期建设中屋面天窗系统中的部分材料不合格，部分天窗开启不灵，漏雨进水现象严重。按上述情况，设计院提出了针对性的二汽工程质量返修处理方案。据记录，1974 年质量返修的投资近 3 千万元，平均每平方米返修费为 46 元，相当于当时三层砖混结构的平方米造价[①]。

　　1975 年的 7 月 1 日，作为建党节的贺礼，二汽第一个基本车型——两吨半越野车 EQ240 顺利投产，二汽的顺利投产也标志着"102"建设者的建设初战告捷。

　　1975 年 3 月，湖北省建委第一建筑工程局改为第一建筑工程局，所属各团改为公司，1976 年 7 月，在二汽建设进入尾声的时候，突然发生了 7·28 唐山地震，一局根据上级指示，一部分人奔赴天津，承担地震灾后重建和"引滦入津"工程建设。

---

　　① 中国人民政治协商会议湖北省十堰市委员会文史和学习委员会．十堰文史［第十五辑］三线建设·"102"卷（上）［M］．武汉：长江出版社，2016．

1.4 积极调整应对变化市场（1977—1983 年）

二汽的建设得到了全国人民的支援。在 1975 年 7 月第一个基本车型顺利投产后不久，1978 年 7 月，第二个基本车型——"东风"五吨载货车 EQ140 投产，这两个基本车型的投产代表着三线建设时期二汽的建设任务基本完成。随着 20 世纪 70 年代末改革开放、国民经济调整和冷战缓和的背景，使得国家战略布局再次东移，位于中西部地区的三线企业开始逐渐进入调整和改造阶段，以战备为目的的三线建设走向尾声（图 1-7、图 1-8）。

图 1-7　十堰三线建设初期城市风貌

（图片来源：郭迪明先生提供）

二汽是我国第四、第五两个五年计划的重点工程，从 1969 年开始大规模建设，到 1972 年二汽厂房初步建成，国家在二汽的建设并投资概算为 22.4 亿元，初步设计核定建筑总面积 315 万平方米。在二汽建设初期短短的 3 年时间里，

图 1-8　由 "102" 的安装二团安装的二汽 48 厂 KW 缸体自动线

（图片来源：湖北工建提供）

4 万名 "102" 建设者汇聚十堰投身二汽建设，经过了日日夜夜的大会战，战高温、斗严寒，为了二汽早建成、早出车、出好车，以坚忍不拔的革命毅力和不屈不挠的战斗精神，克服了许多难以想象的困难，最终取得了二汽建设的关键胜利，在十堰这片土地上写下了二汽建设的感人诗篇，践行了 "艰苦创业、无私奉献、团结协作、勇于创新" 的三线精神。

第二章

工业建筑
建设实绩

二汽在十堰市分布广泛，厂区内建筑类型丰富，其布局模式既反映了汽车生产的工艺，也体现了建成环境与自然地形相互协调的特点。截至 1980 年，102 工程指挥部在二汽完成的竣工面积累计超过 300 万平方米，其中，作为主要建设力量完成 30 个专业厂，其中 27 个位于十堰市，2 个位于丹江口市，1 个位于襄阳市（图 2-1）。

"102" 不仅作为二期建设的主要力量，同时也是管理二汽建设的核心机构之一。三线建设期间，"102" 参与完成的二汽建设项目如表 2-1 所示。

表 2-1　"102" 参与完成的二汽建设项目

工程名称	坐落位置	开工时间	竣工时间	工业建筑面积/平方米	工业建筑成果
20 厂二汽通用铸锻厂	十堰红卫周家沟	1967.4	1975.4	31000	铸铁、铸钢、修锻、有色 4 个基本车间 1 个制造木模的辅助生产车间
21 厂二汽设备修造厂	十堰红卫袁家沟	1967.5	1972.5	37400	金属结构、大修一、液压、热处理、大修二、备件、毛坯 7 个主要车间 1 个集体性质的气缸垫车间
22 厂二汽设备制造厂	十堰赵家沟	1969.1	1971.1	22000	组合机、夹具、辅具、机具 4 个基本生产车间 热处理、毛坯 2 个辅助生产车间 1 个集体性质的汽车配件厂
23 厂二汽刃量具厂	十堰红卫吕家沟	1969.5	1975.4	23000	刃一、刃二、量辅、热处理、粉末冶金、砂轮 6 个车间
24 厂二汽动力厂	十堰红卫大炉子沟	1969.1	1975.1	30000	气体、热工、空冷、电修、电力、仪表、弱电 7 个基本生产车间 1 个辅助车间 1 个厂办集体企业

工程名称	坐落位置	开工时间	竣工时间	工业建筑面积/平方米	工业建筑成果
25厂二汽冲模厂	十堰张湾寺沟	1969.4	1970.12	14200	大型冲模、小型冲模2个主要生产车间 热处理、模型、毛坯3个辅助车间
26厂二汽水厂	十堰红卫何家沟	1971.8	1974.5	28700	5个净化水厂 1个检修基地 5个加压泵站 3座高位水池
27厂二汽热电厂	十堰红卫	1981.12	1983.12		7个热电车间
40厂二汽车身厂	十堰张湾镜潭沟	1970.9	1973.6	98000	冲压片5个车间 焊接装配片3个车间 油漆片2个车间 内饰装配片1个车间 1个集体性质的劳动生活服务公司
41厂二汽车架厂	十堰张湾茶树沟	1970.3	1975.5	80700	车架装配、大冲、小冲一、中冲一、中冲二、油漆等9个生产车间
42厂二汽车轮厂	十堰六堰孟家沟口	1970.11	1973	41000	备料、车轮一、车轮二、装配4个生产车间 1个辅助车间 1个集体所有制附属工厂

工程名称	坐落位置	开工时间	竣工时间	工业建筑面积/平方米	工业建筑成果
43厂二汽总装配厂	十堰三堰苟培	1970.6	1971.10	缺少数据	装配一、装配二、调整、重修、坐垫、充电、运输、散发车包装8个车间 1个厂办集体所有制企业
二汽总装配厂（新）	十堰三堰苟培	1975.3	1978.9	缺少数据	缺少数据
44厂二汽车厢厂	十堰二堰	1970.3	1975.12	62800	2个零件生产车间；1个焊接车间；1个油漆车间；1个装配车间；1个集体性质综合厂
45厂二汽底盘零件厂	十堰张湾龚家沟附近	1970.7	1971.7	41500	悬挂、绞盘、气泵、油水泵、零件、管子6个生产车间；1个集体性质综合
46厂二汽钢板弹簧厂	十堰张湾岩洞沟	1970.9	1971.10	19400	冲卷、热处理等4个车间；1个集体性质的劳动生活服务公司
47厂二汽木材加工厂	十堰茅箭	1970.6	1972.12	26400	制材、干燥、加工、纤维板4个车间 1个集体性质综合厂
48厂二汽铸造一厂	十堰花果	1969.9	1978.10	80000	6个车间；1个厂办集体企业
49厂二汽发动机厂	十堰花果	1969.12	1972.1	71900	曲轴、轴齿、高频、缸盖等19个车间 1个厂办集体企业

工程名称	坐落位置	开工时间	竣工时间	工业建筑面积/平方米	工业建筑成果
50厂二汽铸造二厂	十堰白浪	1969.11	1978.5	96100	7个基本车间；1个辅助车间；1个集体企业
51厂二汽车桥厂	十堰茅箭堂	1970.2	1977	97600	齿轮、热处理、壳体、民前、民刹、半轴、桥壳等16个车间
52厂二汽锻造厂	十堰顾家岗	1969.6	1975.3	77200	备料、重锻、轻锻、平锻、前梁、杂件、热处理、清校8个锻件生产车间 2个辅助生产车间 1个集体性质劳动服务公司
54厂二汽传动轴厂	十堰三堰杨家沟	1969.7	1978.7	70500	6个基本生产车间+2个辅助车间
55厂二汽精密铸造厂	丹江口市老营镇	1970.6	1974.10	26800	蜡模、熔化、清理、热处理、金工4个基本车间1个大集体企业
56厂二汽粉末冶金厂	丹江口市三官殿	1970.10	1974.6	8864	机模、混料、烧结、试制、精整、理化、热处理等10个工艺车间

工程名称	坐落位置	开工时间	竣工时间	工业建筑面积/平方米	工业建筑成果
60厂二汽水箱厂	十堰张湾小周家沟	1970.4	1972.7	23000	机加、冲压、装配、水箱、电镀5个基本生产车间 节温器、薄壁缸套2个车间 金切加工车间
61厂二汽标准件厂	十堰张湾大岭沟	1970.4	1975.3	72500	冷拔、冷镦、冷挤压、弹簧、电镀等9个车间 1个集体性质的劳动服务公司
62厂二汽化油器厂	十堰花果花园沟	1969.7	1973.12	31000	压铸、加工、电镀、装配4个生产车间 机动、工模具2个辅助车间 1个集体性质的劳动生活服务公司
63厂二汽仪表厂	襄阳市清河口	1970.4	1973.12	18600	冲软、机加、油电、标塑、装配车间共5个车间
64厂二汽轴瓦厂	十堰花果安沟	1971.1	1976.1	31000	活塞铸造、活塞环铸造、活塞加工、活塞环加工、轴瓦、新产品试制6个车间 1个劳动服务公司

数据来源:《第二汽车制造厂志（1969—1983）》。

2.1 十堰工业建筑建设概况

二汽建设初期，十堰地区干打垒余波未息，红砖供应紧缺，围护墙及隔墙多以毛石砌筑或砖柱夹土坯砌筑。单层车间及仓库采用砖柱（俗称抱石墩）抬梁，盖钢筋混凝土槽形板，或用砖柱抬钢木屋架再盖水泥瓦，围护墙一般为砖砌体。1972年以后，干打垒基本退出建设舞台，红砖货源紧缺的局面也有所缓解，砖砌体得以广泛应用。"三顺一丁"砌砖法是一种沿用时间较长的砌筑方法，也是较普遍采用的一种砌筑方法。

20世纪70年代初期，单层车间、仓库均采用坡屋面，坡屋面除双坡外亦有单坡，按传统挑檐自由落水。坡屋面上盖机制水泥平瓦，坡水制数一般有4分水、5分半水、6分水和7分水等。

十堰市的工业建筑设计大体经历了土木结构、砖木结构、砖混结构、混合结构、钢结构、钢筋混凝土结构以及多层框架结构、框剪结构等变化，钢筋混凝土结构不断扩大使用范围。二汽是市内的大型汽车生产企业，建筑的形态特点鲜明。

1. 工艺与形式

根据生产要求，二汽的工业厂房边柱（即靠墙的外围柱子）柱距一般为6米，而屋架跨度一般都在24米以内，并采用9米、12米、15米、18米、20米与24米的模数，如车桥厂的热处理车间、钢板弹簧厂的主车间，屋架跨度就达到了24米。产品单一、生产作业相对独立的车间一般单跨设置，而涉及产品需要组装或者工艺流线相对繁复的车间经常采用"多跨并联"或"高低跨组合"的形式，甚至出现垂直相接的组合形式。内部流线相通，减少运输量的同时节省了用地（图2-1）。屋顶根据工艺需求采用弧形屋顶或双坡顶，部分厂房还会在屋脊处开设天窗增加采光与促进通风。后方厂的部分生产车间由于不需要在牛腿上安装轨道吊装货件，层高可以压缩，并增加层数来提高作业区面积。

例如发动机厂涉及大批量流水作业，内部厂房体量大，占地较多，且多为连跨厂房（图2-2）。连杆车间与曲轴、凸轮轴以及发动机装配车间共用一个厂房，占地面积为4700多平方米，高度为6米，厂房屋架达6跨。连杆、曲轴、凸轮轴的质量要求高、工艺复杂，这三大件连同缸盖、缸体构成发动机总成，彼此之间的工艺流程联系紧密。连杆、曲轴、凸轮轴生产完毕后即可在同一水平空间内送达发动机装配线进行组装，缩短了运输距离，提高了生产效率。

1. 通用锻铸厂有色车间（单跨）　　　　2. 通用锻铸厂木模车间（单跨两层）　　　3. 化油器厂装配调度车间（双跨并联）　　4. 设备修造厂某金属结构车间（双跨并联）
5. 发动机厂某车间（双跨并联）　　　　　6. 化油器厂压铸车间（三跨并联）　　　　7. 设备修造厂某车间厂房（三跨并联）　　8. 设备修造厂大修二车间（三跨并联、高低跨）
9. 发动机厂某车间（三跨并联、蓝形屋顶）　10. 铸造·厂车间组合方式　　　　　　　　11. 通用锻铸厂车间组合方式　　　　　　　12. 钢板弹簧厂车间组合方式

图 2-1　生产车间的不同表现形式

（图片来源：何盛强摄）

图 2-2　发动机厂的多跨厂房

（图片来源：何盛强根据《发动机厂志》全景图改绘）

2. 结构与要素

在二汽建设中，推行以"设计革命"为中心的建厂大会战，采取"四边交叉"作业（边设计、边施工、边安装、边生产），在工业厂房设计中应用新材料、新结构、新技术，排架柱采用离心管柱（单肢、双肢），牛腿柱采用格构式牛腿柱，以预制薄壁梁墙代替基础梁。屋盖系统采用轻钢屋架、混凝土檩条、预应力单槽瓦等。在标准件厂里相邻的三个厂房可以看到不同的轨道梁以及承重柱（图2-3）。

(a)钢筋混凝土单肢牛腿柱，实心鱼腹式行车梁　(b)钢筋混凝土单肢牛腿柱，张弦式吊车梁　(c)钢筋混凝土双肢牛腿柱，空心鱼腹式行车梁

图2-3　标准件厂车间内不同类型的结构形式

(图片来源：何盛强摄)

通过制定工业厂房模数把二汽生产车间限定为几种标准类型，进而可以通过量产与组装工业组件实现快速施工，省去繁复的技术流程和工作岗位。建工部中南工业建筑设计院制作的《红卫厂单层工业厂房统一构配件图集》（红卫厂指第二汽车制造厂，由于保密需要采用此名）分为"红甲"到"红辛"等多个系列，为厂房屋盖部分、统一构配件等部位的设计提供了参考（图2-4）。"红甲"系列里又分为钢天窗（分不同跨度与不同高度）、钢筋混凝土组合屋架（跨度分9米、12米、15米、18米四种）、预应力钢筋混凝土后张自锚屋架（跨度分18米、21米、24米三种）等多个分支并对相应部件进行介绍。如在钢筋混凝土檩条这个分支里，图集就分别从设计依据、选用方法、构造与布置、制作与安装等方面进行了详细的介绍，包括模板的制作和钢筋的明细表。设计者根据厂房开间以及生产需求在图集里选用不同类型的屋架、吊车梁天窗以及其他构配件，施工队伍再按照相应操作步骤有条理地制作构件和施工，如同在汽车生产线上组装汽车，从而实现工业建筑构配件的快速设计与批量化生产。

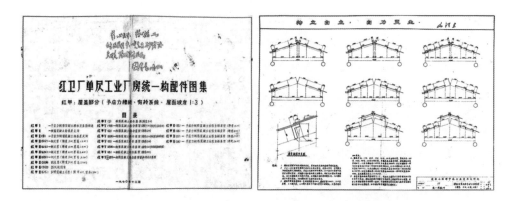

图 2-4 《红卫厂单层工业厂房统一构配件图集》书影

（图片来源：湖北工建档案室）

3. 材料与建造

三线建设期间物资紧缺，制作大批大型砼构件首先要解决模板问题。山沟里还没建大型砼预制厂，大型运输拖车也很难开进工地，因此制作大型构件只能自力更生。"102"工程指挥部运用"土模"工艺创造性地解决难题（图 2-5、表 2-2）。"土模工艺"即"地模工艺"，就是在地面开挖、夯实或板筑形成模子，配合模板浇筑混凝土构件。"102"老职工艾金汉老同志回忆道：

> "柱子是在现场现浇的，不是预制的。现浇好后立起来，由吊装营用吊车吊起来。柱子都是在土模中做的。图纸下来以后，首先我们技术员在这看图，就是构造要点或者尺寸你都掌握了以后，然后再进行施工。当时中南院负责设计出图。咱们那些梁构件以及混凝土梁柱组装的时候是需要人搭架子来焊接的。"

随着二汽厂房主体结构的完成，土模施工工艺也相继停止使用了。土模后来发展成砖模，也就是构件底板不用木材，而用砖砌或直接在地面上用水泥砂浆做底模，可以节省不少木材。"土模工艺"施工方法在二汽建设中的推广使用，体现了群策群力、自力更生、艰苦奋斗的革命精神，不仅节约了大量材料，同时推动了二汽的快速建成。

图 2-5   "土模工艺"的制作现场

（图片来源：郭迪明先生提供）

表 2-2   "土模工艺"的制作流程

步骤	细节	要求
① 制作模板	根据梁柱构件的尺寸和形状，制作出若干套方便拼装和拆卸的木模板	模板表面光亮，正面朝外，内部有支撑，为了以后方便拆除和重复使用
② 布点	现场布置图纸中梁柱的位置	改在对应的场地进行平整与夯实
③ 放模	根据构件具体尺寸挖土，夯实，放模	需要加固
④ 回填、拆模	在模板与夯土壤间回填素土、夯实	夯实足够的强度

步骤	细节	要求
⑤ 刷浆	等待土模成型后，在土模四周及底面用水泥砂浆抹一层灰	砂浆选型要具有一定的强度
⑥ 刷隔离剂	刷一遍隔离剂	待砂浆干燥后再刷
⑦ 绑扎钢筋	在土模上绑扎钢筋，然后浇筑混凝土	注意不要把土模碰坏

表格来源：根据《十堰文史》整理绘制。

还有就是就地取材，采用三合土。为响应当年学习"干打垒"精神，除了生活类建筑要用干打垒，二汽部分厂房的围护结构也要使用干打垒（图2-6）。红卫地区建设总指挥部的干打垒实验小组颁发的《三合土建筑——工业厂房参考资料之一》提到，实验小组通过多次实践，将已建成和正在兴建中的工业厂房三合土墙体的若干构造方案和意见，收集整理成册。将干打垒技术应用在工业厂房中，将会是技术中的重大突破（图2-7）。参考意见中对墙体材料和

图2-6　"102"工人在干打垒住宅屋顶上朗读《人民日报》
（图片来源：郭迪明先生提供）

配合比、勒脚、墙体做法、门洞口处理、模板工具等方面辅以图示进行介绍，并补充了三合土筑墙施工草案以及干打垒工业厂房试验报告的初步结论，标注推广和使用中需要注意的问题，实用性很强。尽管干打垒可以节省建筑材料，但毕竟不能适应工业生产，因此在建设后期，厂房的墙体又替换成砖墙。

二汽建设后期所需的预制构件分别由"102"预制厂和构件厂提供。预制厂与构件厂都建有预应力空心板快速养护的蒸汽坑，同时配备了锅炉、塔式吊、振动台、预应力涨拉台以及搅拌台等，在保证空心板供应正常的情况下再另设其他生产线，用以生产其他类型空心板以及构件（图2-8）。厂房建设需要的预应力单槽瓦、钢结构构件基本上由预制厂和构件厂提供。

图 2-7　《三合土建筑——工业厂房参考资料之一》书影

（图片来源：湖北工建提供）

图 2-8　预制构件生产场景

（图片来源：湖北工建提供）

　　专业厂所用的预制砼构件、钢结构构件、轻钢构件的吊装、校正与焊接，以及厂房屋顶结构、梁柱构件的安装，均由"102"机运团吊装营承担（表 2-3、图 2-9）。面对国内无法购买先进的国外大吨位起重吊机，国内生产的起重吊机达不到二汽厂房结构安装要求的困难，机运团吊装营集思广益、献计献策，创新使用了双机、三机、四机抬吊以及土法助力吊装的办法，并在各个吊车司机的精准配合和耐心操作下，先后完成了多个大型厂房的抬吊任务。

表 2-3　大型厂房构件吊装方案

方案	吊装步骤及注意事项	适用厂房及代表案例
双机抬吊	—	车架厂（40厂）预制砼柱（高、重量仅次于锻造厂），其他轻于或相似于车架厂的结构构件
三机抬吊	一台长吊杆25M吊上点，用两台低吊杆抬吊根部，吊装后，对柱顶十字线进行复核，如有偏差适当进行调整	总装厂（43厂）的预制砼柱（高、重、跨度大）、锻造厂（52厂）砼预制柱（重30余吨、高约30米的）
四机抬吊	—	三机抬吊无法完成就用四机抬吊的方法
土法助力吊装	① 一般采用两根较大直径木材（人字扒杆，也称两木达）、5T卷扬机、ST滑车等工具即可完成柱子的吊装，如果工地上没有较大直径木材，就用两根或三根杉杆用铁丝捆绑成一根；② 吊装砼屋盖时，需要用钢管自制土扒杆（也称摇头扒杆或独立扒杆）	化油器厂（62厂）

表格来源：根据《十堰文史》整理绘制。

　　随着二汽建成以及配合二汽发展的大中型工厂相继兴建，这些工业建筑及其配套设施共同构成了具有汽车工业城特征的城市空间，在平面布局上具有"生产—生活"一体化的特点，而在竖向空间维度上，则成为青山环抱之中的工业城市绵延的天际线（图2-10）。

图 2-9 大型厂房构件吊装方案及场景

（图片来源：湖北工建提供）

(a)二汽产品从十堰运往全国各地，
摄于1981年

(b)十堰红卫区，摄于1988年

图 2-10 十堰市 20 世纪 80 年代的城市风貌

（图片来源：银道禄《用镜头记录车城十堰》）

4. 空间与生产

生产区内的工业厂房（车间）量大面广，其主导的设计原则是建造和使用上的经济性，厂房采用与生活性建筑不同的结构形式和建造材料，具有理性、精密、高效的工业特征。厂房的建造风格与零部件量化生产的成本驱动相当匹配，不仅表现工厂建造的高效性，还体现了工业流水线生产的高效性。首先，钢筋混凝土框架的工厂具有建造速度快、价格低等优点，能节省大量建设成本。其次，钢筋混凝土骨架相对砖混结构来说更加坚固，承重结构之间的间距可以更大，带来了开放、敞亮的室内空间，可以容纳生产所需的大型机械设备与更多的生产工人而不显得拥挤，同时还能引入更多的光线，这两点都能有效提升生产效率。对于汽车流水线生产来说，最关键的是要确保生产线上紧密相邻的工作台之间生产的通畅与高效。钢筋混凝土骨架的厂房空间使得工人与设备之间的联系更加紧密，从而提升生产线上工艺流程的效率。

车间的组合方式反映了特定的工艺流程，基于生产效率的功能理性极大地压缩了工业建筑艺术表现的空间。厂房的造型不是工作的目标，而是生产工艺决定的结果。因备战背景与建设环境的恶劣，建造效率和技术层面的问题成为工业建筑的设计重点，建筑外观则根据室内空间的使用进行有限的调整，由此建筑纯粹地呈现出结构与材料的统一性。建筑以简洁的几何形式造型为特色，表面装饰只留下朴素的"工业学大庆"等生产性口号或不多的符号。二汽使用者联同设计师、建造者探求一种新的空间愿景，生产性建筑不仅具备廉价的结构、实用的功能，还要通过空间呈现出秩序与统一，满足组织化的需求。

钢筋混凝土结构之间界定的空间是开放而灵活的，可以容纳任何活动。即使是在山沟纵横的地方，也存在基于生产工艺的不同车间组合模式以及可以笔直延长的车间，体现了科技进步以及蕴含其中的工具理性，透露出一种区别自然的美学。主厂房内部没有隔墙，整个空间是开放和流通的，工人也成为企业生产流程的重要组成，从自我的劳作融入了集体的生产和行动当中。

2.2 工业建筑典型案例

1.46 钢板弹簧厂

钢板弹簧厂（图 2-11）是二汽负责生产钢板弹簧总成和拖钩圆簧的专业厂，

生产零合件 71 种，同时还承担钢板弹簧新产品的设计和试制任务。二汽筹建时期，关于钢板弹簧厂建与不建的问题几经酝酿，于 1969 年 1 月确定下来，并于当年 5 月选定厂址。1969 年 11 月底，筹建队伍进点开始土建施工，次年 9 月平整场地并动工兴建厂房。1971 年 10 月，厂房建设基本竣工，设备的安装调试工作也基本就绪，随即转入小批量试生产。1975 年 4 月 15 日，建成两吨半越野车生产阵地。1978 年 1 月形成五吨民用载重车的生产能力[1]。

图 2-11　钢板弹簧厂主厂房鸟瞰图

（图片来源：湖北工建提供）

钢板弹簧厂位于二汽总厂正北 3 千米处的岩洞沟内，被四周山体环抱。岩洞沟小河从厂区西侧流过，经神定河入汉江。钢板弹簧厂交通较为便利，给该厂生产原材料和动能的供应提供了比较有利的条件。为方便供应该厂汽车原材料，建筑区内建有铁路专用线，全长一千米并且与标准件厂专业线汇合，联通襄渝铁路，使生产原料、燃料、建筑材料等可以及时且畅通无阻地运至厂内。所生产的汽车钢板弹簧总成，可以通过公路源源不断地送往总装厂。厂区总占地面积为 12 万平方米，工业建筑面积为 1.94 万平方米，民用建筑面积为 1.73 万平方米[1]。

厂内设有生产调度、计划、企业管理、技术、机动等 15 个科室，冲卷、热处理等 4 个车间，共 50 个班组。在山区地形特殊的前提下，厂房布置主要依工

---

[1]　《46 钢板弹簧厂志（1969—1983）》。

艺规程划分车间组织生产，钢板弹簧厂的基木生产主体由冲卷车间、热处理车间、装配车间、机动科四个单位构成（图2-12）。其中冲卷车间负责下料、冲孔、卷包耳、圆密；热处理车间负责淬火、回火、喷丸；装配车间负责装配、喷漆与摘簧、机加工；机动科主要负责动能供应、设备修理、工具供应和工位器具制造等保障工作。

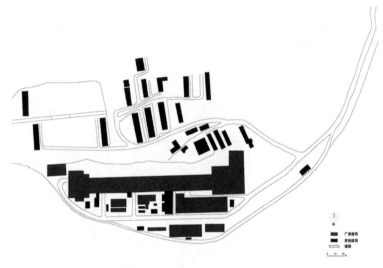

图2-12　钢板弹簧厂总平面图

（图片来源：刘则栋绘制）

生产的工艺流程为：下料→校直-→冲孔→卷包耳→中颁感应加热→淬火→回火→应力喷丸→装配成型-→选配予压缩→静电喷漆→红外线烘干。

岩洞沟沟形狭长，给钢板弹簧厂的厂房布局带来了困难，生产车间及其属建筑群落只能顺应沟形纵向排列。其组成为生产车间、辅助车间、仓库系统、动力设施。冲剪车间、热处理车间、装配车间三个主要生产车间全摆设在主厂房内，材料库、成品库则分别建在主厂房南北两头，主厂房的设计呈"工"字形（图2-13、图2-14）。在与主厂房平行的厂区公路左侧，进厂门口沿厂区公路依次排列的是自行车库、油库、汽车库、劳保库、备件库、工具库、机动科、配电所、锅炉房；右侧是露天材料库、三吨半车间、中频电机房、水油泵房、产品试验室；最后到空压站、厂房办公大楼，处于厂区的东南角；出办公楼向后走，跨过铁路便到前方车间。由于山沟内面积有限，厂内生活设施的布置不得不向山上发展，沿厂区山坡公路的东西两侧与大岑沟交叉的山坡上排列了家属住宅楼、单身楼、托儿所、液化气库、俱乐部、粮店、小卖部、小吃部等建筑群。

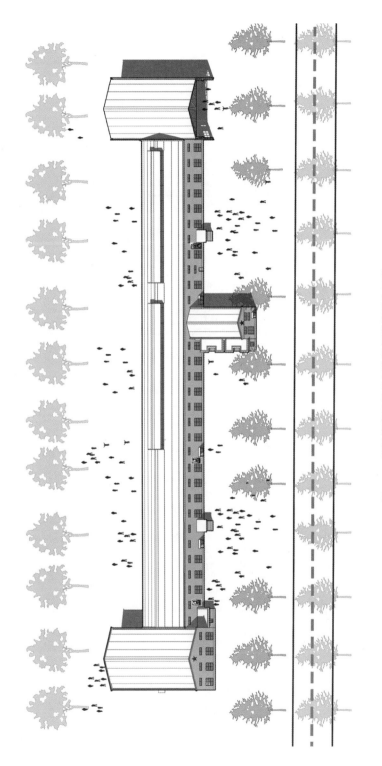

图2-13　根据档案图纸复原的钢板弹簧厂主厂房

（图片来源：王宁绘制）

图2-14 根据档案图纸复原的钢板弹簧厂主厂房立面图

（图片来源：王宁绘制）

主厂房车间根据空间需求不同采取不同的结构和构造体系（图 2-15）。无吊车的单层厂房及跨度不大、两至三层为主的多层厂房车间，主体采用砖混结构，屋顶直接用预制板拼接，顺着双坡屋面自由排水。厂房至少设置一道混凝土圈梁，圈梁一般布置在门窗过梁的高度，在增强建筑结构强度和稳定性的同时也节省了材料，有的也布置在檐部，上面直接铺预制混凝土板。

一般的大型生产车间由于其结构要求较高，如 46 钢板弹簧厂的主厂房，多采用砖混局部再加配筋的形式，横梁采用预制的钢筋混凝土大梁，柱子采用加大截面积的砖柱，里面设置配筋与横梁拉结，至少会设置一道圈梁以维持最基本的稳定性，建筑屋顶往往采用桁架结构支撑屋面。

2.20 通用铸锻厂

通用铸锻厂是二汽的后方专业厂，主要承制二汽各专业厂设备、工装、模具的制造和维修，以及技术开发所需要的各种黑色和有色金属铸件及锻件（图 2-16）。通用铸锻厂有二汽汽车生产的"先行官"之称。它的产品虽然不直接进入汽车的总成，可是，由它提供的二汽各专业厂自制非标设备、设备维修备件及工艺装备所需的铸钢件、铸铁件、铸铜、铸铝件和锻件毛坯，却是支持汽车生产正常进行必不可少的保证。1966 年，通用铸锻厂开始筹建。1967 年 4 月破土动工，但开工不久即因"文化大革命"而停工。1969 年，在厂房尚未建成的情况下，在芦席棚车间内出了第一炉铁水。厂房于 1975 年 4 月基本建成，之后又做了大量的修改、补充和完善工作[1]。

通用铸锻厂厂区位于车城西路、秦家河与老白公路北侧的周家沟及其支沟刘家沟内，距总厂约两千米。厂区大门面对老白公路，东邻水箱厂，西邻技术教育处，西南与热电厂隔河相望，西北与技工总校隔山为邻。厂区布局呈"Y"字形，一条山溪贯穿全厂，自北向南贴东侧山脚注入秦家河，并经神定河入汉江（图 2-17）。厂区占地面积为 12 万平方米，工业建筑面积为 3.1 万平方米，民用建筑面积为 2.9 万平方米[1]。此外，铸造行业的特点之一是原材料和动能的消耗量都比较大。因此，厂址处于二汽总体布局中的红卫片，居各有关处室和后方生产专业厂之中，相互距离较近，是大分散中的小集中，而且交通运输十分方便，东通火车站，西达黄龙镇。

---

① 《20 厂厂志（1966—1983）》。

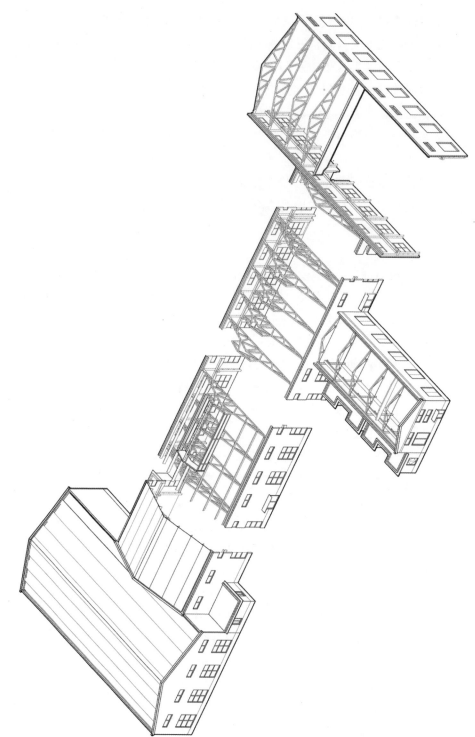

图2-15 根据档案图纸复原的钢板弹簧厂主厂房轴侧图

（图片来源：王宁绘制）

图 2-16　通用铸锻厂鸟瞰图

（图片来源：刘则栋拍摄）

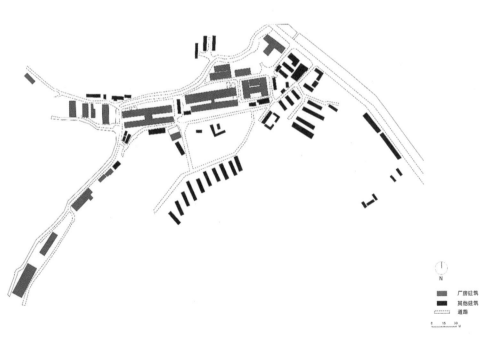

图 2-17　通用铸锻厂总图

（图片来源：刘则栋绘制）

根据 1969 年 1 月二汽现场会议决定,张湾至花果的铁路专用线经过厂区沟口,这就给铸铁、铸钢两个运输量较大的车间提供了接驳铁路的可能性。由于受到地形的限制,厂区总平面只能顺沟布置,厂专用支线只可能为南北方向,即顺沟方向引入铸铁、铸钢车间,建设又要求车间内工艺流线合理,这就决定了铸钢、铸铁两个主要生产车间为东西朝向,而其他车间,除木模、有色为南北方向外,由于受地形限制,也有东西朝向的。辅助设施中除化验室为南北朝向外,所有仓库、动力站房均是东西朝向。最终的布局保证生产工艺流程基本合理,无逆流、迂回的现象,只是运输距离较之大方块布置要相对长一些。至于辅助设施,只能是见缝插针,不尽合理,如汽车库就比较远。

锻造厂主要生产车间有铸钢车间、铸铁车间、有色车间和修锻车间(图 2-18~图 2-20)。辅助性生产车间有木模车间、机修车间和一个综合利用车间——水泥车间。生产特点是单件、小批、多品种。共 101 个班组,安装有各种生产设备 628 台,其中重大设备 11 台。铸铁车间配备有电子称配料装置的冲大炉 2 台、半吨电弧炉 1 台,可进行双联熔炼;铸钢车间全部采用电炉熔炼,有小贯量双水冷电机提升系统可控硅控制的三吨电弧炉 2 台、150 千克中频感应炉 1 台;有色车间除全部采用工频电炉熔炼外,还有多种离心浇注机。锻造设备除有 150 千克至 3 吨的各种蒸汽(空气)锤外,还配备有操作机,用于大锻件的锻打操作和钢锭开坯[1]。

生产车间方面,中小型的车间会整体使用砖墙(石墙)砖柱,也有在基础部位、窗台以下采用石头砌筑,上接砖墙(图 2-21)。门窗过梁、圈梁等处使用混凝土构件。屋面结构则多采用钢材或者木材。大型车间采用混凝土梁柱作为承重结构,砖墙作为围护墙体砌筑,内部局部会采用预制的混凝土梁柱加强结构性能。

3. "102" 机修厂

102 工程指挥部五七机修厂是 1970 年在湖北枣阳县孙庄大队位置建立起的一个小型专业工厂(图 2-22)。"102" 机修厂不属于二汽,却是为了更好、更快地建设二汽的专业厂,机修厂主要以生产制造中小型机械及其配件和现场修理大型机械为主。1980 年,"102" 机修厂更名为湖北振动器厂,1993 年更名为湖北工程机械厂,现为湖北众利工程机械有限公司。[2]

---

[1] 《20 厂厂志(1966—1983)》。

[2] 《湖北众利工程机械有限公司厂志》。

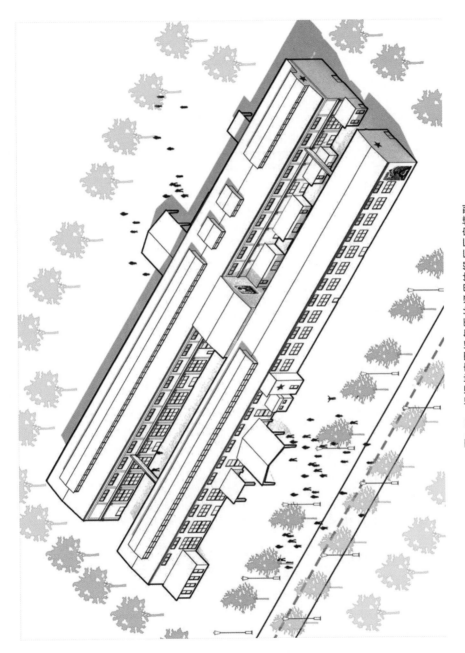

图2-18 根据档案图纸复原的通用铸锻厂厂房模型

（图片来源：王宁绘制）

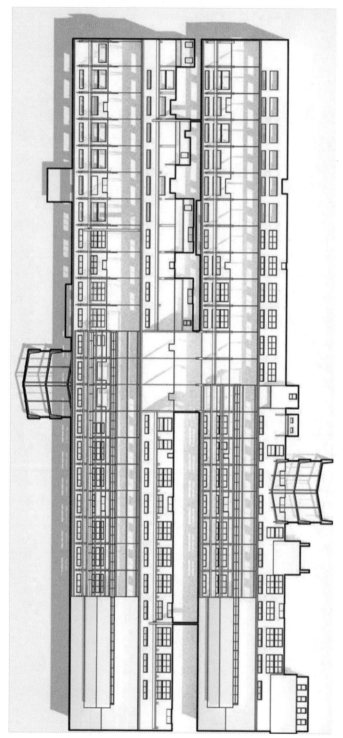

图2-19 根据档案图纸复原的通用铸锻厂厂房正轴侧

（图片来源：王宁绘制）

良匠开物——湖北工建"102"时期三线建设工程实录

(a)通用铸锻厂铸铁车间

(b)通用铸锻厂铸钢车间

(c)通用铸锻厂修锻车间

(d)通用铸锻厂有色车间

图 2-20 通用铸锻厂厂房车间历史照片

(图片来源:《20 通用铸锻厂厂志》)

图2-21 通用铸锻厂车间南立面图

（图片来源：王宁绘制）

良匠开物——湖北工建"102"时期三线建设工程实录

图 2-22　"102" 机修厂鸟瞰

(图片来源：刘则栋拍摄)

"102" 机修厂所处的枣阳县在地理位置上连接着湖北省中部的武汉和西部的十堰两大城市，位处鄂西北地区的交通要道。厂区选址与枣阳县和丹汉铁路的建设有着密不可分的关系。汉丹铁路在襄阳与焦柳、襄渝两条铁路交会，是湖北省中部与西北部联系的交通干线。汉丹铁路早在 20 世纪 70 年代是一条连接汉口和十堰的供给线和生命线，贯穿湖北的中西部地区，支持了整个鄂西北的建设和发展。凭借这条铁路，"102" 机修厂可以很好地与深入十堰大山的二汽联系。在确定厂址的地区、地点以后，在特定的地域范围结合地形和生产工艺流程进行布局（图 2-23）。

在三线建设 "靠山、分散、隐蔽" 选址思想的影响下，厂区选定远离市区的青龙岗。早期建厂根据 "工人宿舍设在厂区，家属宿舍靠近厂区" 的指示，结合岗地的地形、地貌特征，利用陡坡分离生产生活区，并用两岗之间的狭长农田隔开生活区与生产区。西侧岗地整体较为平坦，适合建厂，便于各车间之间的联系，所以可以将生产区设在西岗。东岗地形复杂，且多为条状，生活区家属宿舍楼便顺应地势修建。同时西岗南端有一小丘，尽量把厂区靠近小山丘修建，这样可以利用山体来隐蔽工厂形态，降低工厂被发现的可能性，保证厂区安全。这样将生产区和生活区分设两边岗地，做到生产生活区分离的同时又可以紧密联系，总体呈现为 "两岗分立，有机联系" 的布局模式（图 2-24）。

图 2-23 "102" 机修厂总平面

（图片来源：刘则栋拍摄、绘制）

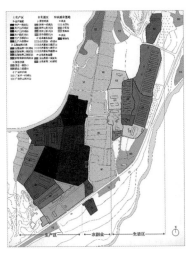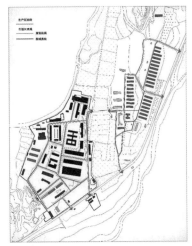

图 2-24 "102" 机修厂分析图

（图片来源：刘则栋、李登殿绘制）

生产车间平面多为矩形，空间上以满足大型设备机械的使用为目标。单栋居多，也有因为工艺需求，不同厂房相互拼接为联合厂房（图 2-25）。厂房建筑多为单层，跨度较大的车间多采用双坡顶，屋顶设天窗。跨度较小的则多采用平顶，一些特殊设备的厂房也会有异形屋顶形式，如木材烘干的车间屋顶就采用了拱形的设计，异形屋面厂房通常数量很少。厂房立面没有特殊修饰，壁柱和圈梁之间开有竖向长窗，局部为小方窗。

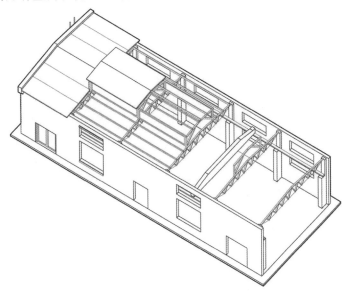

图 2-25 根据历史档案资料复原的 "102" 机修厂铸铜车间结构轴侧图

（图片来源：王宁绘制）

厂区建设受到建材短缺的影响，生活区建筑基本采用地方民居形式和风格（图2-26、图2-27），建筑材料多使用木头、黄土砖、石头、青砖、红砖等材料，极少使用水泥。为了节省材料，建筑部分门窗过梁使用砖砌，圈梁不全，建筑结构整体性较差。1970年，生产区开始有规模地分点进行建设。1972年12月底，生产区整体建设基本完成。竣工时，生产区内部共建成机加工车间、机钳车间、机电车间、热处理车间、模型车间、锻造车间、夹板锤车间、炼钢车间、有色制造车间、冷作电焊车间、设备维修车间、油化车间、电镀车间等主要车间15座，构成了生产区的核心。同时，生产区内还建有成品库、半成品库、设备库、回火炉作为配套车间。与此同时，生产区内部还配套有行政办公楼、仓库、车库、食堂、发电室、浴室理发室、单身宿舍等后勤配套设施建筑19座。

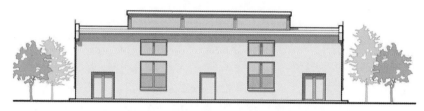

图 2-26　根据历史档案资料复原的"102"机修厂车间立面图

（图片来源：王宁绘制）

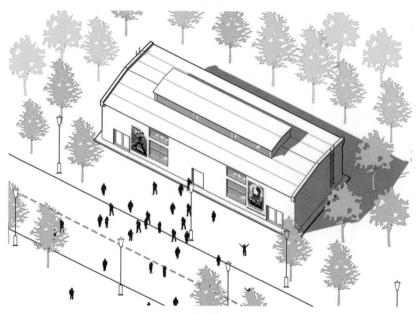

图 2-27　根据历史档案复原的"102"机修厂车间模型

（图片来源：王宁绘制）

4.48 铸造一厂

铸造一厂位于花果山北麓的花果片中心区域。东南接头堰水库,西连花果镇。厂区与生活区以犟河花果桥为界,西为厂区,东为生活区。老白公路自东向西穿过厂区(图2-28、图2-29)。沿老白公路东距总厂9.5千米,有二汽"西大门"之称。厂区占地面积30余万平方米,工业建筑面积约8万平方米,民用建筑面积约6万平方米[①]。

铸造一厂系二汽三大毛坯厂之一,素有二汽"四大金刚"其一之称,主要供给三个基本车型发动机的全部铸件和汽车底盘制动毂铸件。三个基本车型共106个品种。产品最大件为缸体,每件重137.5千克。生产以珠光体为基体的灰铁、铸态珠光体球铁以及耐磨合金铸铁,设计指标为10万辆份82519吨[①]。

图 2-28 铸造一厂鸟瞰图

(图片来源:刘则栋航拍)

---

① 《48铸造一厂志(1965—1983)》。

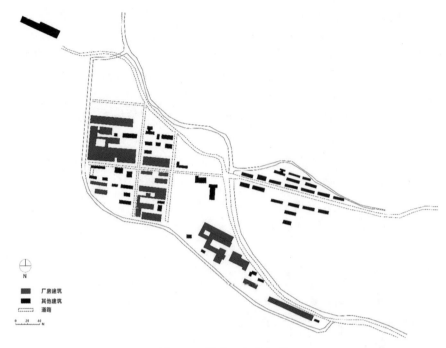

图 2-29　铸造一厂总平面

（图片来源：刘则栋绘制）

1966 年 9 月，铸造一厂筹建组成立，进行为期 3 年的筹建工作。1969 年元月选定厂址，同月正式破土动工。1975 年建成 EQ240 两吨半越野车年产 2.5 万辆的生产阵地。1978 年 10 月，生产阵地全面建成投产（图 2-30），截至 1983 年已达到 8 万辆的生产能力[①]。

住宅区中设有小吃部、商店、粮店、缝纫店、豆腐坊、家用电器修理店、托儿所等便民服务，还利用防空洞生产蘑菇，供应全厂职工。此外，住宅区内还建有能容纳 3000 多人的露天电影院以及图书室、老工人活动室、卫生所、子弟学校等设施。

5.21 设备修造厂

作为屋面返修的第一个专业厂，设备修造厂为二汽机修技术后方厂，素有二汽机修中心之称。其主要承担二汽各专业厂大部分机械设备的修理工作。厂区位于红卫袁家沟内，东距总厂 4 千米，并与车身厂隔山相望，西与水厂、刃量具厂隔山为邻，北侧沟口处即老白公路。袁家沟呈"S"形，东西两侧丛山相

---

① 《48 铸造一厂志（1965—1983）》。

图 2-30　铸造一厂从联邦德国引进的 KW 多触头高压造型自动线

（图片来源：《48 铸造一厂志（1965—1983）》）

夹，山脉为南北走向，南高北低，相差 30 余米，一条小河由南向北贯穿全沟。全厂 7 个主要生产车间就分布在小河两侧，由北向南顺沟排列在袁家沟 2.5 千米长的地段（图 2-31）。厂区占地面积为 14 万平方米，工业建筑面积为 3.74 万平方米，民用建筑面积为 2.86 万平方米[①]。

1966 年 11 月，设备修造厂开始建厂的筹备工作，该厂在二汽专业厂中属于首批开工建设的单位之一。从 1967 年 5 月金属结构车间和大修一车间同时破土动工开始，直到 1972 年 5 月，全厂 6 个生产车间才先后竣工并陆续投产。厂区内有金属结构、大修一、液压、热处理、大修二、备件和毛坯等 7 个车间，共 160 个班组，此外还有集体性质的气缸垫车间一个。在二汽大返修时期，该厂需返修的主要车间有 8 个，面积近 2 万平方米。返修任务进展得很顺利，原计划返修任务需 20 天完成，最后 15 天就完成了。5 个专业厂的质量返修一共只用了 90 天时间。

---

① 《第二汽车制造厂志（1969—1983）》。

图 2-31　设备修造厂鸟瞰图

（图片来源：刘则栋航拍）

6. 总装配厂

总装配厂是二汽组装和生产成品汽车的专业厂，厂区位于车城路南端总装（原名苟培）地段，距张湾 2.9 千米。南连车架厂，北接配套处，西与车身厂，东与车厢厂、销售处分别隔山相邻（图 2-32）。何家沟（排洪沟）自西向东流经厂区北侧。厂区占地面积为 19.56 万平方米，其中工业占地面积为 14.54 万平方米，生活区占地面积为 5.02 万平方米。

总装配厂产品产量大、生产组织严密，其生产过程分为几个步骤：首先采用天车和叉车卸运方式接受各专业厂合格零合件、总成及部分协作配套件；然后按照汽车装配计划，定时、定量把各种零件送至指定工位，有的要经过分装，以合件形式送至装配线进行整车总装；接着，装好的汽车由调整司机开下装配线，经过调整，对装配正确性及完整性进行检查校正后，开出厂在公路上试车检查；最后，检查合格打上钢印后，送往车厢厂装车厢，随后交销售处发送站，经检查验收入库。

图 2-32　总装配厂鸟瞰图

(图片来源：刘则栋航拍)

　　1969 年 7 月底，总装配厂开始筹建工作，1970 年 6 月 15 日破土动工，同年 9 月 8 日主厂房主体工程竣工。1971 年 6 月 10 日，第一条长 226 米的汽车总装线开始安装，同年 7 月 1 日，第一次在线上连续试装车，至此结束了用迂回工艺装车的历史。1975 年 3 月 3 日，新厂房动工兴建，同年 6 月 15 日，新厂房竣工投产，1978 年 9 月，新装配调整车间厂房建成①。

2.3　历史图档与分析

　　部分历史图档如图 2-33～图 2-39 所示。

---

　　①　《第二汽车制造厂志（1969—1983）》。

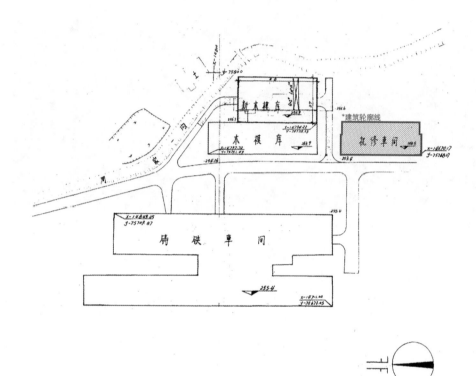

通用锻造厂总图布置图

附录说明：
通用锻造开工时间为1967年4月，竣工时间为1975年4月，此附录内为1978年6月厂区扩建时绘制。

第二汽车制造厂 通用锻造厂	01	设计单位：建筑工程部中南工业建筑设计院				
		项目名称： 通用锻造厂扩初	初步设计	设计号	102-20	
				图别	初步设计	
				图号	20-初-总.01	
				日期	1978.8	

图 2-33　通用锻造厂总图布置图

（图片来源：湖北工建提供、曹筱麦整理）

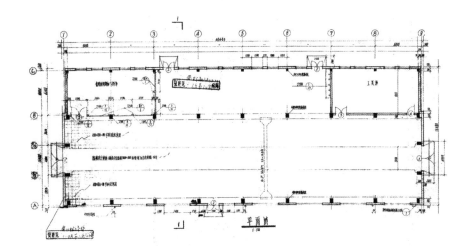

历史图纸-平面图

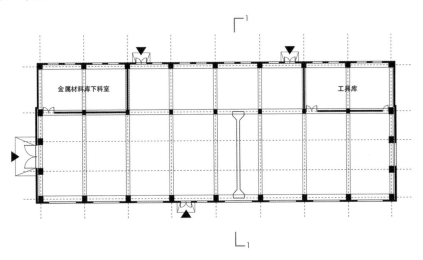

金属材料库下料室

工具库

剖面功能分析

第二汽车制造厂 通用锻造厂	02	设计单位：建筑工程部中南工业建筑设计院			
		项目名称： 通用锻造厂机修车间	平面图	设计号	102-20-01
				图别	建施
				图号	1
				日期	78.6.25

图 2-34　通用锻造厂机修车间平面图及剖面功能分析图

（图片来源：湖北工建提供、曹筱袤整理）

历史图纸-立面图

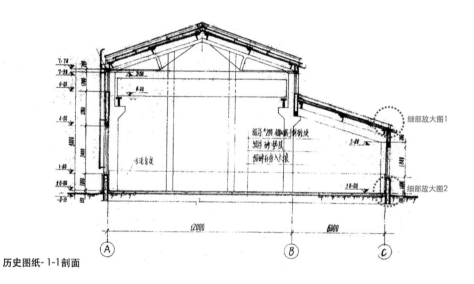

细部放大图1

细部放大图2

历史图纸- 1-1剖面

第二汽车制造厂 通用锻造厂	03	设计单位：建筑工程部中南工业建筑设计院		
		项目名称： 通用锻造厂机修车间	立面图 1-1剖面图	设计号 102-20-01 图别 建施 图号 1 日期 78.6.25

图 2-35　通用锻造厂机修车间立面图及剖面图

（图片来源：湖北工建提供、曹筱袤整理）

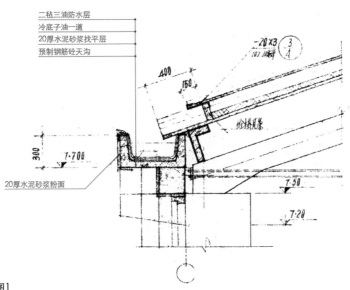

二毡三油防水层
冷底子油一道
20厚水泥砂浆找平层
预制钢筋砼天沟

20厚水泥砂浆粉面

细部放大图1

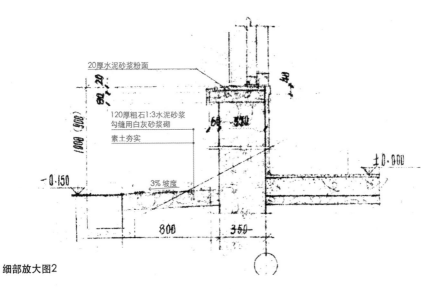

20厚水泥砂浆粉面

120厚粗石1:3水泥砂浆
勾缝用白灰砂浆砌
素土夯实

3%坡度

细部放大图2

第二汽车制造厂 通用锻造厂	04	设计单位：建筑工程部中南工业建筑设计院			
		项目名称： 通用锻造厂机修车间	细部图	设计号	102-20-01
				图别	建施
				图号	3
				日期	78.6.25

图 2-36　通用锻造厂机修车间细部图

（图片来源：湖北工建提供、曹筱袠整理）

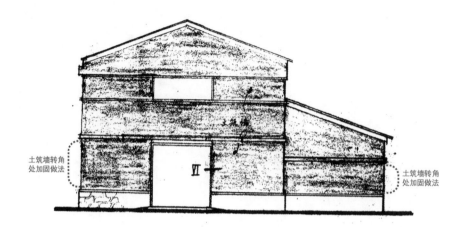

侧立面图

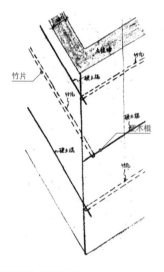

竹片

土筑墙转角处加固做法图

施工说明：
1）所有土筑墙内插筋涂热沥青一道防腐处理。
2）预制构件砼标号为200#，现制砼为150#。
3）门套做法，遇梁按照原标准签，T626.2 17页，剖面按土筑墙修改。
4）设备安装直接，施工参与安装前提前研究，砼圈梁内预留埋件，禁止土筑墙打洞。

土筑墙设计说明

第二汽车制造厂通用锻造厂	05	设计单位：建筑工程部中南工业建筑设计院			
		项目名称：通用锻造厂机修车间	土筑墙做法	设计号	102-20-01
				图别	建施
				图号	6
				日期	78.6.25

图2-37 通用锻造厂机修车间土筑墙做法
（图片来源：湖北工建提供、曹筱袤整理）

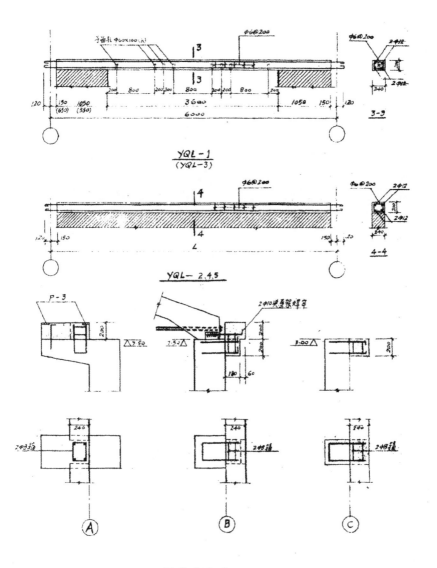

檩条与圈梁大样图

第二汽车制造厂 通用锻造厂	06	设计单位：建筑工程部中南工业建筑设计院			
		项目名称： 通用锻造厂机修车间	檩条与圈梁 大样图	设计号	102-20-01
				图别	建施
				图号	8
				日期	78.6.25

图 2-38　通用锻造厂机修车间檩条与圈梁大样图

（图片来源：湖北工建提供、曹筱袤整理）

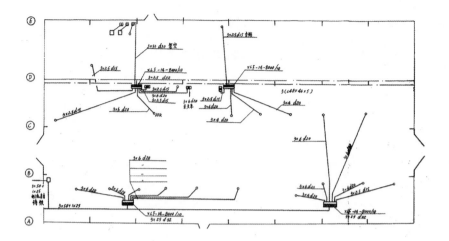

电系统平面图

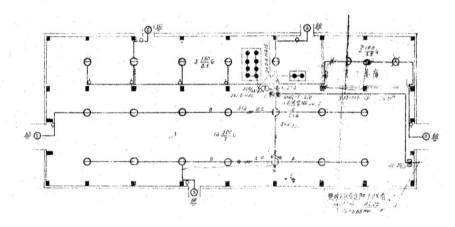

照明平面图

第二汽车制造厂 通用锻造厂	07	设计单位：建筑工程部中南工业建筑设计院			
		项目名称： 通用锻造厂机修车间	电力系统平面 照明平面	设计号	102-20-01
				图别	建施
				图号	已损毁,未知
				日期	78.6.25

图 2-39 通用锻造厂机修车间电力系统及照明平面图

（图片来源：湖北工建提供、曹筱袤整理）

第三章

文体建筑
建设实绩

文体活动空间作为重要的公共型空间，无论在哪个时期，都成为各个区域最具"人气"的场所，尤其是在三线建设时期，在高强度的建设任务，繁重的生产之后的"娱乐"活动显得尤为珍贵。"102"建设者为工人群众和广大劳动者建设的活动空间成就了大家一段难忘的时代记忆。此篇章将呈现"102"建设者苦中作乐的文体活动与集体生活，共同回忆"102"建设者朝气蓬勃、乐观豪迈的热血青春，以及建设创造的文体建筑。

3.1 文化背景与建设概况

三线建设时期的集体活动是每个三线人日常生活中的重要组成，充分反映了当时社会背景和主流文化形式。国家政策对工人阶级集体活动的开展起着决定作用。我国的文化政策历经波折和发展变化，对全国文体活动的开展具有重要的指导作用，文体活动的空间形式与建设也应运而生和发展演变。早在抗战时期，党中央就重视发展文体事业，建设工人俱乐部用于宣传教育、发展文体活动。1942年毛泽东在《在延安文艺座谈会上的讲话》中明确了党的文艺政策，即明确规定了"文艺为政治服务"和"文艺为工农兵服务"的文艺生产原则，体现以国家为主导的集体主义、平均主义，反对个人主义的"文治"理念。

中华人民共和国成立之后，党中央提出了"破"与"立"并举的转型时期的文化政策，即破除封建糟粕、批判资产阶级，同时确立以马列主义为指导思想，大力开展"文化下乡""电影上山"运动。全国总工会召开全国第一次工会俱乐部会议，也明确规定工人文化宫、俱乐部的主要工作是进行政治宣传、生产鼓动、文化技术教育，并组织工人、职员群众及其家属的业余文化和艺术活动。在党和国家的号召与支持下，国内开始大批新建、改建文体类建筑，如工人文化宫、大礼堂、影剧院等，一座座无产阶级的文体建筑成为职工们集体生活的"容器"和美好的记忆。

湖北工建的老职工们来自祖国的大江南北，集团发展至今经过70年的实践积累，文体活动类建筑项目也遍布国内重要城市，包括北京、天津、包头、十堰、襄阳、枣阳、武汉等。其前身由国家建筑工程部所属的各路建设大军抽调组建而成：建筑工程部第八工程局同北京市建工局第三建筑公司、西郊构件厂、机械公司汽车一厂、工业安装公司一个工区、材料公司三站等队伍组合，并加入建筑工程部第二土石方工程公司、建筑工程部第六工程局四处、机械施工总公司长春技校等单位的部分队伍，共同构成了建筑工程部102工程指挥部。其中，主力队伍建筑工程部第八工程局（在包头时期前身为建筑工程部华北包头工程总公司、建筑工程部华北包头工程局、建筑工程部二局）在 1954—1964 年总部设于包头，在国民经济恢复期和"一五计划"苏联援建时期，承建社会主义建设急需的国家重点建设项目，积累了丰富的施工经验。企业足迹以包头为中心，遍及北方大部分省市。主要建设的文化体育会堂等空间包括北京人民大会堂、包头第一工人文化宫、包头各大厂区的职工俱乐部（大礼堂）与体育活动中心等。

1969 年，响应祖国建设二汽的号召，102 工程指挥部在十堰地区积极投身建设。1970 年，十堰市电影公司在五堰建立市区露天电影场。1973 年，十堰市革命委员会投资建设东风剧场。1991 年，十堰市政府投资 100 万元建成十堰市第一个模拟立体声电影院。1980 年，二汽总厂在张湾建立工人俱乐部（放映电影为主）。随后，二汽各专业厂相继建立室内或露天电影场，后来又建设了六堰影剧院、黄龙影剧院、十堰市工人文化宫等。到 1990 年，十堰市市区内建有影院 31 家。2004 年，全市已有影剧院（剧场）43 个，观众席 36400 个，电影发行放映单位 590 个。20 世纪 70 年代，102 工程指挥部经历了人员的变动和重组，1973 年正式更名为湖北省建委第一建工局，总部于 1981 年由十堰迁至襄阳市，为襄阳市的城市建设做出了贡献，建设了胜利影剧院等重要的城市文体活动空间。20 世纪 90 年代之后，湖北省工业建筑总公司相继建设了十堰市体育馆、十堰市体育中心等体育类大型公共建筑。湖北工建于 2002 年迁址湖北武汉，更好地促进了武汉市乃至湖北省的建设与发展。

3.2　文体活动空间形态

三线建设时期的非生产性建筑大多都经历了从芦席棚草房、干打垒土屋、木板房（木板条钉制，钢筋串接组合的简易房屋）到后来的砖石、混凝土房屋的建构演变过程。以工人俱乐部为例，其作为三线厂矿单位内重要的人群聚集场所，受多种因素的影响呈现不同的空间形态，且具有多重使用功能。分别经历了从就地搭建土台进行露天演出，利用简易棚屋开展集体会议，与食堂共用空间组织宣传教育等到后期建起真正意义上独栋工人俱乐部的过程。尽管不同形态的工人俱乐部在平面形制、立面造型、材料构造、功能使用等方面存在差异，但也具备一定的共性和时代特点。工人俱乐部按照形态分为弹性使用的单一空间、露天开放式空间以及多种功能的组合空间。

1. 弹性使用的单一空间

弹性使用的单一空间指的是三线建设厂矿单位内的"三用食堂"（同一空间兼作工人俱乐部、电影院、食堂使用）。通常建筑造型简洁，多为单层坡屋顶，呈现简易厂房式的工业建筑风格。立面多为砖墙不加粉饰，长边墙面排布规律的窗户及立柱，山墙面封闭，会设有砖砌烟囱等构筑物，大厅内部通常为不设吊顶、露明屋架结构，缺乏提升观演效果的空间设计，结构形式为砖混结构或直接搭建框架结构，柱上设有桁架支撑屋面，建筑材料多采用砖石水泥等基础建材，局部圈梁加固处才使用混凝土材料。建筑以较低的标准进行功能组织，并非根据实际的行为需求进行空间设计，其内部核心的大厅空间无辨识度，功能使用弹性、灵活。

2. 露天开放式空间

在三线建设早期，各个厂矿单位的生活性建筑预算开支较少，无法修建大型工人俱乐部，为了丰富职工的文体生活，响应国家在文化领域的政策号召，多数厂矿单位选择建设成本低、建造时间短、结合场地环境条件的露天开放式空间，即露天影剧院与灯光球场。其广泛存在于我国乡村地区，观众厅为露天形式，可同时容纳较多的群众。这种露天影剧院在民间俗称为"坝坝"电影院，成为三线建设工人"俱乐部"常见的形式之一，其参考了乡村建设的经验与做法，又融入城市中的现代技术，可大致分为自然型与人工型两种形式。自然型露天影剧院建设于开阔的自然环境中，依附山势建造，既减少对环境的破坏，又节省了观众席的土方工程和造价。在布局上分为自下而上三部分：① 作为放映屏幕的幕布或屏墙，有时会结合有抬升的舞台；② 相对平坦的运动场地（多为篮球场），也兼作观众席的前场；③ 阶梯状的座席以及简易的投影装置或放映室。人工型露天影剧院位于厂区内地势平坦或坡度较缓的人工环境中，对自然条件依赖较少。露天影剧院与灯光球场组合的模式在各个厂矿单位中十分常见，作为厂区内集运动、文艺演出、电影放映于一体的活动中心，有时观众们自带座椅看电影与演出，有时球员们在灯光下进行竞技体育活动，人山人海，热闹非凡。

三线厂矿单位内一些独立使用的灯光球场也是露天开放式的空间形态，是职工们重要的活动场地，运动球场位于中央，周边设一圈阶梯式观众席，采用室内体育场的经典布局形式。

3. 多种功能的组合空间

20世纪70年代中后期，伴随着国际形势的好转、国内压力的缓解以及厂矿单位的生产工作步入正轨，职工们对业余生活的需求也增多，多功能组合式的工人俱乐部在各个厂区应运而生，成为真正意义上的工人俱乐部（图3-1），其也是生活区中占地面积最大、规格最高、设计最有特色的公共建筑。

俱乐部建筑多由门厅、观众厅与舞台三部分组成，分区较明确，整体呈现以观众厅为主体空间的内向性布局。门厅内的功能最为复合，层数通常在二到四层不等。观众厅通常为单一大空间，既要满足规定的容量需求，也要考虑视线、声学、光学等建筑物理因素。观众厅内两侧有多个对称的次入口。部分工人俱乐部的布局会有侧廊。舞台通常在后台配套化妆间、设备间等，部分工人俱乐部会简化这一部分功能。建筑造型高大宏伟，形式逻辑与功能关系对应，体块的空间组合反映出平面的空间组织关系，门厅、观众厅与舞台相互邻接，彼此在体量、造型、屋面形式等方面对比明显，又和谐统一地组织在一起。

图 3-1　三线建设时期"102"承建的重点文体建筑的空间演变

（图片来源：黄丽妍绘制）

3.3　经典文体活动空间

1. 东风剧场

据熟谙十堰历史的老十堰人讲述，以前外地人到十堰，十堰人会给他们介绍两个地方，一个是东风公司总装厂，一个是东风剧场（图3-2、图3-3）。作为十堰市的精神标志，东风剧场曾是十堰人拥有的唯一大型影院，观演大厅设座位 1191 个，附厅设软席 600 多个。1995 年，东风剧院改为文贸股份有限公司，隶属十堰市文体局，是企业体制文化单位。据《十堰建市四十年大事记（1969—2009）》记载：1973 年 12 月，十堰市第一个大型群众文化娱乐设施——东风剧场动工兴建，1976 年 10 月竣工（图 3-4～图 3-6）。还有资料记载，东风剧场原名为"十堰市影剧院"，隶属于市电影公司，1979 年更名为"十堰市东风剧场"。东风剧场主要承担十堰市的大型会议，也是市民重要的文化娱乐场所，这里曾上演过诸多戏剧，举办过交响音乐会，是十堰市民曾经拥有的唯一大型影院。

图 3-2　十堰市东风剧场

（图片来源：郭迪明先生提供）

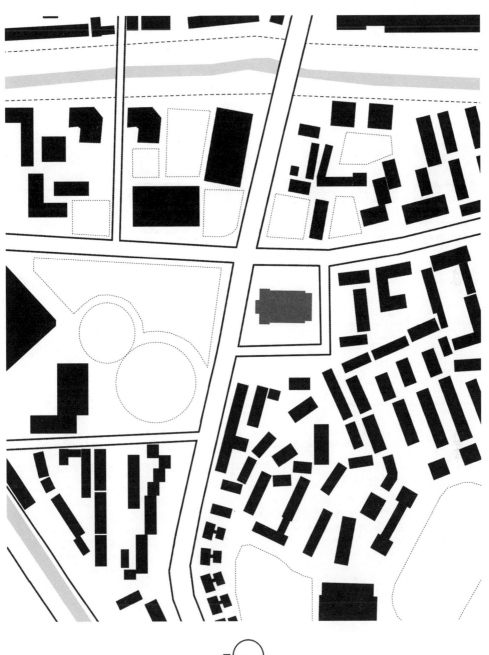

图 3-3 十堰市东风剧场总平面图

（图片来源：黄丽妍绘制）

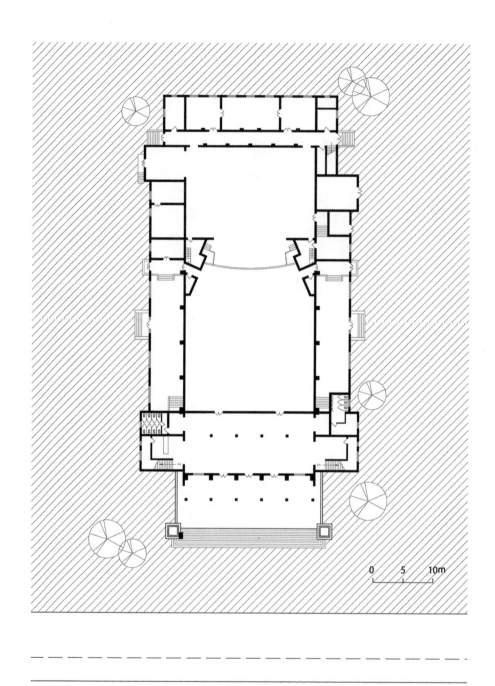

0　　　　5　　　　10m

图 3-4　十堰市东风剧场平面图

（图片来源：黄丽妍绘制）

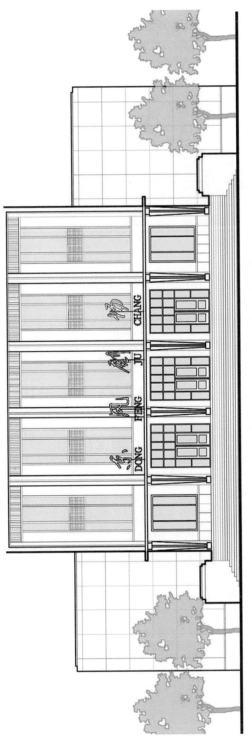

图3-5 根据历史图纸复原十堰市东风剧场立面

（图片来源：黄丽妍绘制）

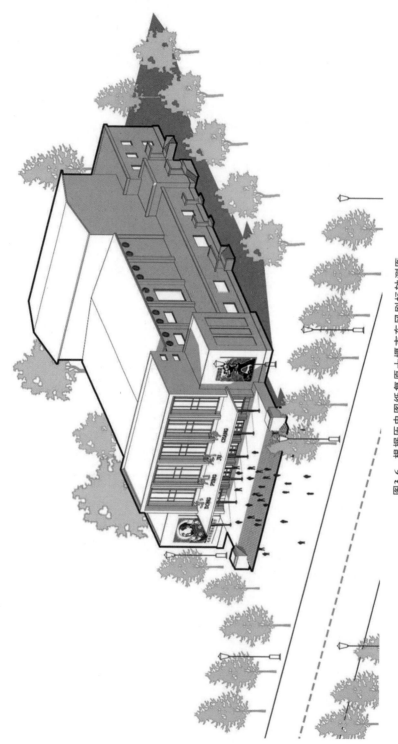

图3-6 根据历史图纸复原原市东风剧场轴测图

（图片来源：黄丽妍绘制）

良匠开物——湖北工建"102"时期三线建设工程实录

东风剧场见证了十堰的变迁，对于历史并不长的十堰来说，东风剧场是十堰历史的见证，是十堰人记忆的载体，能唤起人们的归属感。

2. 襄阳胜利电影院（襄阳剧场）

剧院位于襄阳老城横向轴线道路与西侧护城河的交汇处，交通便捷，环境优美。老城空间尺度较小，建筑密度较大，多为住宅楼，呈现行列式布局形态。场地东侧沿河向北就是襄阳公园，南侧是以襄阳四中为核心的教育组团，西侧、北侧是老式住宅区。经过三个街区便是襄城的纵向主轴线，近邻古襄城遗址，现已开发为南北向的商业街，通至北侧沿河的绿地广场。襄阳剧场是对周边大量居住、商业、绿化广场等城市用地文化职能的补充，兼顾社区级和市区级的文化层级需求。场地前侧为东街，是城市的主干道，街道两侧排布着店铺，充满市井烟火气息。内环路是古城原有城墙拆除后开辟的道路，毗邻护城河，沿河风景秀丽，是襄阳百姓散步闲游的好去处。

剧场建筑体量庞大，按功能进行体块组合，表现出古典构图的特征：整体呈中轴对称的布局，体量有明显的层次等级，建筑正立面可划分为"屋顶、墙身、台基"的三段式。建筑墙面为外挂石材，增加了建筑的厚重感，挺拔的立柱规律地划分玻璃幕墙。抬高的主入口处连通外廊，凸显水平方向的线条感（图3-7～图3-11）。建筑配有景观花园，外部环境怡人。襄阳胜利电影院经过多次改扩建已经更名为襄阳剧场，它仍然是襄阳市老城区重要的公共文化建筑，成为集演出、会议等多功能为一体的文化活动中心。

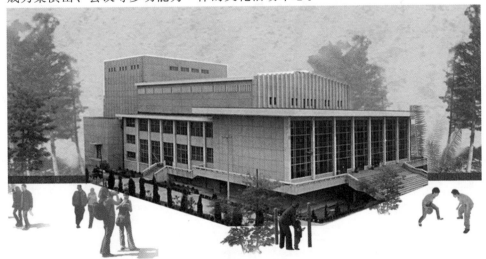

图3-7　根据历史图纸复原襄阳胜利电影院

（图片来源：黄丽妍绘制）

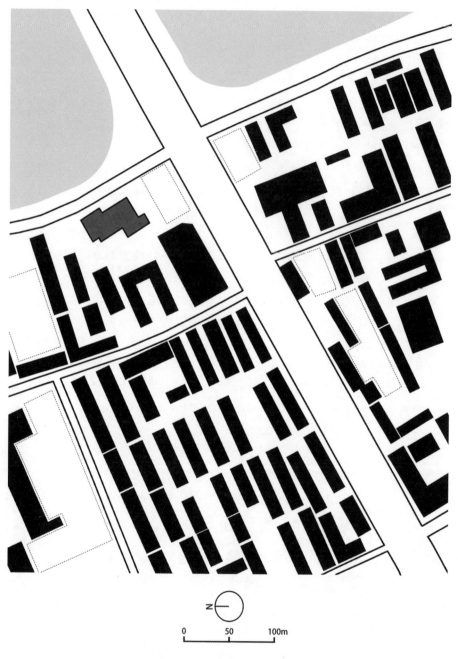

图 3-8　襄阳胜利电影院总平面图

（图片来源：黄丽妍绘制）

良匠开物——湖北工建"102"时期三线建设工程实录

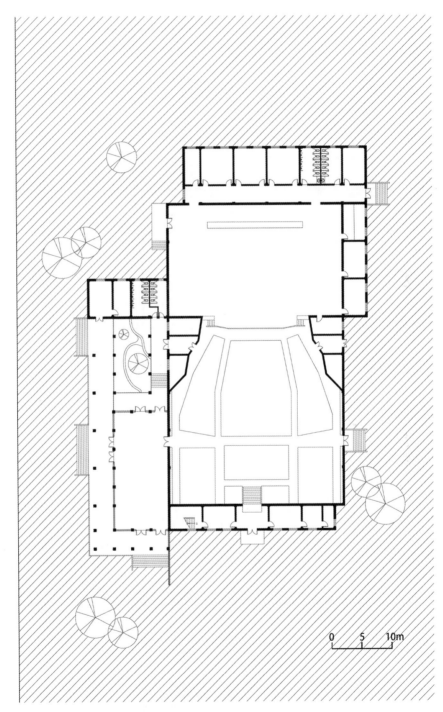

图 3-9 襄阳胜利电影院平面图

（图片来源：黄丽妍绘制）

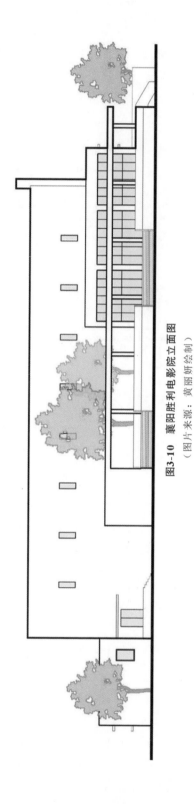

图3-10 襄阳胜利电影院立面图

（图片来源：黄丽妍绘制）

良匠开物——湖北工建"102"时期三线建设工程实录

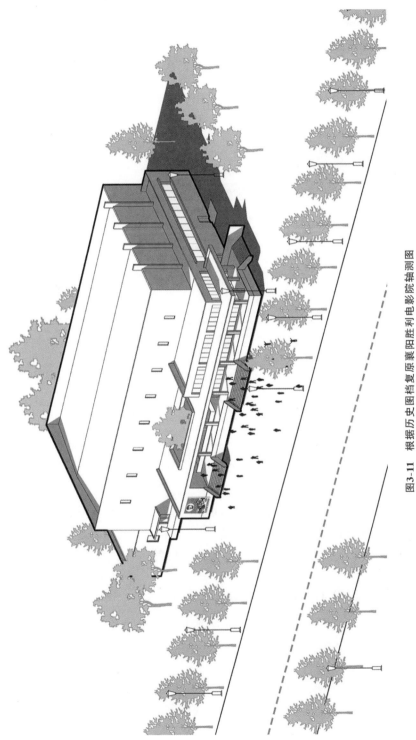

图3-11 根据历史图档复原原襄阳胜利电影院轴测图

（图片来源：黄丽妍绘制）

3. 二汽工人俱乐部

二汽筹建工作开始的几年，职工业余文化娱乐活动因受政治、经济条件限制而十分贫乏。1969年初，总厂抽人组成了一个仅有一台16毫米电影放映机的电影放映队，在几个片场流动放映。随着二汽建设和生产的发展，职工文化娱乐阵地逐渐扩大，文娱设施不断完善。1969—1973年，二汽在张湾建起一个简易的芦席棚会场，可容纳千余人，兼作文艺活动场所。1974年春，二汽动工兴建张湾露天剧场。露天剧场看台依山就势，层层延伸，座席台阶有60层，共分9个区，可容纳观众万人以上，是全国最大的露天剧场之一。1978年底，又动工兴建露天剧场舞台，舞台与露天看台浑然一体，雄伟壮观，面积达9200平方米，成为二汽文艺演出和放映电影的主要场地。

1980年11月竣工投入使用的二汽工人俱乐部，室内建筑面积有5000平方米，设座位1685个，共有前厅和侧厅6个。音响、灯光、吊杆设备先进，可自动控制。剧场内部冬有暖气，夏有冷风设施，可供会议、文艺演出、放映普通电影及立体电影使用。1981年7月，二汽工人俱乐部文化活动室建成，设有展览室、电视室、阅览室、游艺室等，使用面积为800平方米，真正成为一个多功能的演艺文体活动中心。工人俱乐部全面竣工后，成为二汽职工开展各种文艺活动的主要阵地，丰富和活跃了职工的业余文化生活。自开放以来，共接待电影观众近百万人次，阅览室接待观众4万余人次，游艺室、乒乓球室、哈哈镜室接待参加各类活动人员3万多人次。文化活动室先后举办文学、美术、摄影、书法、科技、集邮、花卉、裁剪、烹调、工艺美术、音乐欣赏等各类学习班、讲座，以及单项或综合性展览会20多个。1983年7月，二汽工人俱乐部被中华全国总工会评为"全国工人文化宫、俱乐部先进集体"，荣获全国总工会授予的"工人的学校和乐园"的奖旗（图3-12）。某种意义上，其多种功能、弹性使用、满足多种需求的空间为该奖项提供了可能。

二汽各专业厂发挥各自优势，因地制宜、因陋就简、自力更生，也建设了多个文艺活动阵地。例如，水箱厂、水厂、车桥厂、传动轴厂、总装配厂、发动机厂、车架厂、通用铸锻厂、化油器厂、铸造一厂和铸造二厂等单位先后建成室内俱乐部，此外，各基层单位还建成露天电影场和文化活动室。当时，二汽各单位普遍建立阅览室和图书馆，藏书总量达23万余册。可以说，二汽形成以总厂所在地张湾为中心，各片有重点、专业厂有阵地的文化设施体系，为二汽广大职工开展健康有益、小型多样的文艺活动创造了良好的条件。

图 3-12 根据历史图档复原二汽工人俱乐部

(图片来源：黄丽妍绘制)

4. 十堰市工人文化宫

十堰市工人文化宫于 1976 年动工兴建，当时六堰片区没有人民广场，也没有体育馆，周边显得比较荒芜。工人文化宫开工建设没多久，因经济条件等原因停工。1982 年，经十堰市总工会积极努力和多方争取，在市委、市政府和省总工会的重视和支持下，第二汽车制造厂和东风轮胎厂等单位慷慨解囊，给予大力资助，工人文化宫开始复工建设。

1984 年元月 1 日上午 9 时，工人文化宫宣布落成开放。此时的工人文化宫占地 3030 平方米、建筑总面积为 7000 平方米，内部房间有 50 余个。20 世纪 80 年代的工人文化宫，在六堰乃至十堰都是最"洋气"的建筑，是十堰市标志建筑之一。白墙绿瓦，局部外廊的平面形制，平坡屋顶结合的屋面形式，突出的重檐塔楼造型，整座建筑很有中国民族特色，融合传统与现代、中式与西式的建筑风格（图 3-13）。它是全市职工业余文化生活的重要场所，承载着十堰人很多美好记忆。工人文化宫最引人注目的地方是其高大雄伟的外观，尤其是民族风格的屋顶和主楼顶部的两层阁楼式的造型，在那个到处都是干打垒和红砖房的年代，让人耳目一新。

图 3-13　十堰市工人文化宫

（图片来源：郭迪明先生提供）

工人文化宫建成后，成为众多职工群众文化生活的重要去处。1985 年，工人文化宫开放活动厅、室 30 个，开展活动项目 72 种，接待外来演出团体 19 个、参观团体 59 个；举办长期培训班 3 个，短训班 13 个，培训学员 1000 多人次，举办书法、美术、摄影等各种展览 15 场，联谊会 115 场；接待前来活动的职工 55 万人次。先后组建了全市职工戏迷协会、摄影协会、乒乓球协会、棋牌协会、书画协会及声乐沙龙等。逢年过节，工人文化宫是全市最热闹的地方。直到 20 世纪末，每年举行的新春游行观礼台就都在这里。

到了 20 世纪 90 年代初，政府改造工人文化宫外观并拓展了活动项目，为前来休闲、运动的市民提供了更多更好的文化和娱乐服务。每逢周末、节假日，工人文化宫热闹非凡，一派生机勃勃的景象。1997 年，十堰市工人文化宫被全国总工会命名为首批"全国示范工人文化宫"。如今，随着经济社会的快速发展，当年"十堰地标"的光环早已不复存在，但它仍然在为先进文化的传播贡献着力量。目前政府正积极投入改造建设，打造"三馆两基地"，以重塑城市文化地标。

5. 二汽体育馆（现名东风汽车公司体育馆）

二汽体育馆于 1986 年完成，位于十堰市车城路上的一个小山头上，距离十堰市火车站的西北侧 2.5 千米，有固定座位 3250 个，是十堰市第一座室内体育馆。它的主体结构是 42 米跨立体钢桁架，屋面是彩铝板保温防水屋面，这是"102"当时在建设施工中探索运用的两种新技术。尤其是 42 米跨立体钢桁架的设计与施工安装，当时在国内也为数不多。

二汽体育馆的建设仍然是边设计、边修改、边施工，克服了重重困难。彩铝屋面板对铝板的柔韧度有很高的要求，缺乏生产厂家的直接供应，最终协议以定制的方式完成了屋面板的采购。42 米跨立体钢桁架的吊装是体育馆技术工作的核心，为此举行了多次专题会议。施工过程中进行了桁架试压，目的是测出桁架在标准荷载及超载 40％ 的情况下整体变形情况，以及部分腹杆、节点的变形情况，以确定桁架的受力状况，确保使用安全。最终确定了桁架的安全性，并顺利完成吊装工作，整个体育馆也顺利交工（图 3-14）。

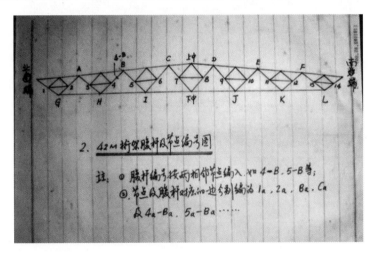

图 3-14　钢桁架试压腹杆及节点编号图（位移测量）

（图片来源：张国钧《奉献与生存》）

6. 十堰市体育馆

十堰市体育馆位于十堰市人民广场（六堰广场）北侧。1992 年 12 月动工兴建，1998 年 10 月建成开馆。占地 23000 平方米，建筑面积为 20200 平方米，有固定座位 5100 个。馆高 35 米，双层框架剪结构，有全悬空地下室（图 3-15）。主场功能齐全，可以举办各类室内体育比赛和各种文艺演出、展览展销等活动。体育馆有 200 平方米的健身中心、260 平方米的武术培训中心、200 平方米的贵宾活动室、200 平方米的台球活动室、260 平方米的乒乓球活动中心、1000 平方米的影视娱乐休闲场所、6000 平方米的地下室商店和 5000 平方米的室外停车场。

图 3-15　十堰市体育馆

（图片来源：黄丽妍绘制）

7. 十堰市博物馆

1989 年，十堰市文物管理处成立，1995 年初，与郧阳地区博物馆合并，更名为十堰市博物馆，迁入十堰市柳林路 60 号。2007 年 1 月 16 日，十堰市博物馆迁址北京北路 91 号新馆，湖北南水北调博物馆同年 7 月对外开放。十堰市博物馆占地面积约 23333 平方米，建筑面积为 11540 平方米，陈列面积约 6000 平方米，办公面积约 4000 平方米，库房面积为 400 平方米（图 3-16）。内设考古部、陈列保管部、群工部、办公室、安全保卫部等。

3.4　"102"建设者的文体生活

湖北工建除了完成大量文体活动空间的施工建设，积极为城市发展贡献力量外，也加强自身文体活动的开展，实现物质文明和精神文明的双重建设。在

图 3-16　十堰市博物馆

（图片来源：黄丽妍绘制）

国家的文体政策号召下，各单位在全国范围内建设工人文化宫、俱乐部、体育馆及活动中心等公共文体建筑，各级工会自上而下组织开展文化教育、科学技术、政治时事、文艺创作、联欢会、座谈会等活动，以此提高工人阶级的文化教育水平、政治思想水平和科学技术水平。厂内的文体活动是传达方针政策、强化团队凝聚力的重要途径，也是提升职工文化素养、形成集体记忆的重要途径。

1. 思想学习

"102"建设者从全国各地远赴深山，投身十堰二汽建设之中，交通不便、环境恶劣、住宿条件艰苦。建设任务十分繁重，为早日完成三线建设日夜工作，贡献青春年华，"先生产、后生活"使得职工们早期的文体活动十分匮乏。

职工们周一到周六每天工作之余进行思想学习，每周还有半天停产学习。职工们的学习内容为国内外形势、党和国家的方针政策、厂规厂纪、先进模范人物、关于三线建设的语录和《毛泽东选集》、马克思及恩格斯的《共产党宣言》，也有帮助职工扫盲的基础科学知识的册子。学习方式以读报、报告会为主。到了20世纪80年代，主要开展"五讲四美三热爱""学先进、帮后进"等活动来进行宣传教育工作。通常这种学习按照班、排以小组形式进行组织，场地随机，晴天在露天影院、灯光球场、厂房外空地上，雨天则在三用食堂或厂房的一角，大家于厂房前的空地上围坐在一起学习交流。

2. 集体会议

为了更高效地传达党的方针政策、总结工作经验、进行技术交流、表扬好人好事、纠正歪风邪气以及完善厂内的团队组织机构建设，厂内举行各种大型的集体会议，包括现场动员会、表彰会、经验交流会、技术竞赛、职工代表大会等（图3-17）。专业技术的学习与交流被视为重要的环节。在那信息相对闭塞的年代，要想实现技术上的革新，必须要加强对外学习和交流。工会定期组织技术交流大会，为职工科普、宣传新的技术或总结施工中的经验。例如有些部门的班务会常由老师傅教授技术、施工图纸，并时常让徒工练习木工技术的基本功——木板拼缝、开榫等[①]。在那个年代，无论是师徒之间的言传身教，还是厂与厂职工之间的交流互助，都让职工在技术上打下了坚实的功底，也可以实质性地解决很多施工中的难题，提高建设效率。同时大家铆足一股劲，一心只为干好建设事业，彼此之间结下了深厚的情谊。当时"102"在张湾土山头有一个1200多平方米的芦席竹棚，结构为间距4米的杉木柱，2.5米跨双坡，屋顶为半圆形毛竹拱骨架，上覆席子和油毡的三层作法。后台有山墙围合，其余三面敞开，内有一排排砖砌的座墩，上面盖有表面刷漆的预制混凝土平板。建筑山墙及出檐均有细部造型，被称为"十堰市的人民大会堂"，是定期作报告开大会的场所。

图3-17　1975年12月，湖北省第一建筑工程局一公司表彰先进大会

（图片来源：湖北工建提供）

原 102 工程指挥部第六工程团三营十连副指导刘羡智回忆全营开职工大会的画面，以连排为单位整队按照顺序入场，每个人搬一个小马扎，在指定的位置站好，一声令下"坐下"，全营职工就座。某一个连的领导带领全连职工合唱一首革命歌曲或者一段样板戏，唱完后就向其他连提出挑战，要求某某连"来一个"。被挑战的连不是"来一个"，而是"针锋相对"，同样在带领下全连高喊：好不好，妙不妙，再来一个要不要。像解放军部队拉练唱歌一样，提振士气、统一步调、强化纪律，就这样你一曲我一首的，把整个会场气氛活跃起来。以至后来工友聚会也会这样"你来我去"地拉歌联欢。

因三线建设中青年职工占比大，对文化生活和社会交往的需求高，开展文体活动有利于丰富和活跃职工的业余生活，是对职工进行思想政治工作的渠道，可以增进职工的政治热情和生产热情。

3. 文娱活动

（1）放映电影

在文娱活动极度匮乏的时期，业余时间的娱乐活动受条件限制，很难开展其他娱乐活动，职工最期盼的文化生活是放映队来放映电影。不同的时代背景下宣传的主流影片主题不同。

20 世纪 50 至 70 年代，主要放映反映革命战争、阶级斗争题材的故事片，如《青春之歌》《地雷战》《地道战》《南征北战》和《上甘岭》等，以及样板戏《红灯记》《沙家浜》《智取威虎山》等。

20 世纪 80 年代后，国内引进了一批国外电影，如《望乡》等。1986 年后，先后发行放映了一批科技教育片，如《地膜覆盖》《杂交水稻》《柑橘的储存、保鲜》《用电安全》《人口优生优育》《庭院经济》《水土保持》《牲猪病防》《马头羊》《水产》《药材的种植》等。很多情况下会在正式电影放映前"加映"科教宣传片。

20 世纪 90 年代，为配合反腐倡廉工作，组织放映了一批电影，如《生死抉择》等。为配合反对邪教、封建迷信、赌博等，组织放映了《赌命》《宇宙与人》等。同时为开展中小学生教育活动，组织放映了爱国主义的影片。

在"102"建设者的记忆中，三线建设时期主要放映的影片有《南征北战》《奇袭》《英雄儿女》《渡江侦察记》《平原游击队》《三进山城》《地道战》《地雷战》《少林寺》《闪闪的红星》；苏联的《列宁在十月》《列宁在一九一八》；南斯拉夫的《瓦尔特保卫萨拉热窝》《桥》；朝鲜的《卖花姑娘》《摘苹果的时候》《金姬和银姬的故事》《看不见的战线》（其中俗称的"三战一线"就是《地道战》《地雷战》《南征北战》《看不见的战线》）；阿尔巴尼亚的《第八个是铜像》

《宁死不屈》《海岸风雷》等老影片。影片反复放映，职工也是乐此不疲地观看。那时播放电影之前都会贴片播出《新闻简报》，《新闻简报》是民众获取新闻（尤其是影像新闻）的重要渠道之一。

"102"工程指挥部的电影队定期来到各个营里放电影，场地多是一片空地或是灯光球场。在众多"102"建设者的回忆中，那些占座扎堆看电影的热闹场景仿佛历历在目，只要找空地挂上银幕，便可放映。那时多数人都有三件宝：饭盒、手电筒、小板凳。那个年代开会、看电影形成了自带板凳的习惯。不论做什么，工厂下班时的那次号声是必须全神贯注听清楚，因为下班号一吹完，就可能有播电影消息：今晚7：30在灯光球场放映电影……听到消息，大家下班后像过节一样，早早拿着马扎去占好位置，等到天黑开映。每每放电影的时候，会吸引来成百上千的观众，往往是屏幕正面坐不下了，反面也坐满了人，不仅有本单位、本系统的员工，很多二汽专业厂的职工和驻地周边的老百姓也拖儿带女前来观看。山沟里也出现了人山人海的盛况，不仅灯光球场上人挤得水泄不通，个头矮的小孩子只好爬上旁边大树的枝干上探着头看，那可是球场、路上、树上处处都是人头攒动。

孩子们也最高兴听到广播通知当天晚上放映电影的消息，放学后飞快跑回家中，带着自家的小板凳，来到露天影院用板凳在空地上占据最好的位置，然后用粉笔或砖头在地上画个圈，把板凳框在里面，写上自己大名，就算大功告成。

那时候的电影故事与歌曲也引起了大家的情感共鸣，在张国钧先生的《奉献与生存》中回忆起澡堂里的歌声。当时正值放映一部电影《闪闪的红星》，有一首歌的歌词"小小竹排江中游，巍巍青山两岸走"，歌词内容以及演唱的豪迈气势深入人心，职工们经常不约而同地在业余时间聚到一起，放开嗓门唱几句。澡堂的窗户很小，墙壁都抹灰了，唱起歌来居然还有回声，歌声虽不专业，也能扣人心弦。

不仅看电影的人热闹，在那个特殊的年代里，放电影的人也是尤为珍贵。响应国家的号召，将电影带入乡村、带进山区的活动，也培养了几代优秀的电影放映员。原102工程指挥部四团电影放映员杨艳霞回忆：当年得益于102工程指挥部领导的全力支持，在各单位有组织地开展各种文体活动的同时，一支支深受建设者欢迎的文化"轻骑兵"——电影队也出现在"102"单位系统，出现在二汽建设现场（图3-18、图3-19）。

当时在花果就有一支活跃在广大职工中的专职放映队，这就是102工程指挥部五七四团（后更名为湖北省建一局一公司、湖北工建集团一公司）电影放映队。电影队一开始只配有一部手推车，由两个女放映员徒步推着放映设备的小车，轮流到工地或各营驻地放电影，后来条件改善，又配了一辆"跃进"卡车。从1970年开始到1984年，放映队克服恶劣的天气和不便的交通，不停地穿梭在各施工营（后来的施工处）驻地之间放映电影，给广大职工带去了身心的愉悦，成为"工地社会"的一抹亮丽的色彩。

图 3-18　"102"电影放映员

（图片来源：湖北工建提供）

图 3-19　"102"电影放映员合影

（图片来源：湖北工建提供）

观众对电影队的深情厚谊，感动和激励着每位放映员一定认真放映好每一场电影，尽管银幕只有 12 平方米，尽管一场电影只有 100 多分钟时间，在这后面却凝聚着指挥部领导、团领导的关心。虽然放映员们非常辛苦，但只要看到大家全神贯注地看电影，听到随着剧情发展观众由衷的欢笑声，他们就会觉得所有的付出都值得。

（2）文艺演出

文艺演出也是采用大家喜闻乐见的方式来宣传国家政策、歌颂模范事迹等。厂矿单位会自发组织建设文艺宣传队，排练节目，举行厂内的联欢盛会，有歌咏比赛、服装比赛、文艺晚会等或是各厂间的互相巡演，丰富一线工作者的精神生活，也团结了各厂之间的革命友情。这些职工们自编自演的节目并没有专业人员来指导，也没有现代的影像资料来参考，样板戏是每个厂都必不可少的排练剧目（图 3-20），歌舞类节目加入了演出者对音乐舞蹈的理解，关键是要唱得齐、唱得响，传达出昂扬的精神面貌。职工们也善于把所见所闻所感编排成小节目，如"三句半""诗朗诵""群口快板"等，颇有特色，靠的是集思广益，汇聚群众的创造力。102 工程指挥部在郧阳地区礼堂组织的全系统文艺汇演（图 3-21），受到职工和当地群众的热烈追捧和广泛好评，有时也会邀请武汉专业的文工团来郧阳地区演出，慰问二汽的建设者和驻地部队，成为文艺盛事。

图 3-20　1970 年，"102"的姑娘们正在利用休息时间排练"样板戏"

（图片来源：湖北工建提供）

早期还没有大型工人俱乐部的时候，都是在比较宽阔的河滩上临时用芦席搭棚当舞台或是直接在一片空地上举行活动。那个时候的"102"各个团的宣传队排演过《红灯记》《智取威虎山》《沙家浜》《海港》等。

图 3-21　1971 年 5 月 23 日，"102"建设者排练《红色娘子军》
(图片来源：郭迪明先生提供)

102 工程指挥部五七机运团干部魏鹏飞回忆道：团里一些京剧票友们还搭台演出了相当高水平的京剧样板戏《沙家浜》，他们精心排练、一丝不苟、熟背台词、练基本功，大夏天无一不是汗流浃背，尤其是饰演胡传魁的演员，本身就是一个京剧迷，加上自身特殊的身材条件，不用化妆就是一个典型的胡传魁。演出活跃了职工的文化生活（图 3-22），给偏僻的山沟带来了欢乐的笑声。102 工程指挥部第四工程团一营生产组长郭守玉在《武当山下十三秋》中回忆起早期的迎新活动场面，当晚 8 时大家席地而坐，二十几个人坐在最前排，舞台就在营长办公室门前的一块空地上，营长办公室成为后台、化妆台及策划室，"出将入相"均在营长办公室。

102 工程指挥部五七机运团修理营工人肖丰在《十堰三线记》中描述了当年抢修大型机械场景编写的一段群口快板《铆焊班大战开门红》，如今看来仍旧气势如虹，振奋人心。

图 3-22　1986 年 11 月 26 日，中国京剧院来二汽慰问演出

(图片来源：湖北工建提供)

甲：打竹板，响连天，今天不把别的谈，表表咱连铆焊班。开门红战斗打得好，68 块履带板的任务提前完！

乙：3 号下午 4 点半，连里拿来任务单，铆焊 68 块履带板，时间只有整 7 天。焊机少，材料缺，这可急坏了铆焊班。

丙：同志们，毛主席教导照心明，下定决心往前冲，全力以赴不忙乱，势夺元旦开门红！

众：势夺元旦开门红！

丁：三台焊机同开焊，同志们个个争抢干，刘班长打扫泥土手不停，王师傅、卓师傅紧张配合往外搬。焊条潮湿不好用，陶师傅把它来烤干。锰钢焊条不好使。

众：没关系，实践当中摸经验！

戊：紧张战斗豪情添，好人好事说不完。陶师傅腰疼他不吭声，张师傅带病干得欢，小夏用心摸索不怕难，小葛一人就焊了 14 块履带板，孩子妈妈也不甘落后抢时间。

众：好一场热火朝天的战斗激动人心弦！

己：早上班，晚下班，颗颗红心似火焰，为了抢修战备车，再苦再累也心甘。钢花照得阴云散，汗水浇得冰凌穿，68块履带板，15个小时就干完！

众：这就是，铆焊班大战开门红，下次再表别的班！

（3）文学创作

三线建设时期各个单位都很重视文学创作，培养能编、能写、能创作的人才，涌现了一批文学爱好者和业余作者（图3-23、图3-24），如谢学坚，擅长书法、雕刻，有深厚的文字功底。当时组织了一批书画文学爱好者，编印"102"内部文艺刊物。报告文学集《车城春晓》中，选录了各公司的作品。20世纪70年代中期，以三线建设时期建设第二汽车制造厂的相关先进人与事为题材的小说、散文、诗歌等被收录进各类刊物，如《湖北新貌》《长江文艺》《十堰文艺》等。

文化方面的活动还体现在工地上大喇叭播放的广播，广播站的大喇叭定时开机，每天早晨转播中央人民广播电台的《新闻和报纸摘要》节目，播送营部通知及各连排提供的稿件。有些连队中设有宣传栏，写着毛主席关于三线建设的指示和激励职工的口号标语，如"活着干，死了算，为了早日建成三线……"

图3-23　"102"文艺队合影

（图片来源：湖北工建提供）

图 3-24　花果公社中学宣传队合影

（图片来源：湖北工建提供）

4. 体育活动

"102"党委把"发展体育运动，增强人民体质"当成一项重要的群众工作。"102"早在建工部第二工程局时期，就在包头成立了建筑工人体育协会，负责组织职工业余体育活动和经常组织参加对外的体育竞赛。1969 年，"102"被调来支援十堰三线建设的时候，还从内蒙古带来了省级文艺宣传队和男女篮球队。每当上级来十堰视察三线建设工作时，红卫地区建设总指挥部就会让这支文艺宣传队和篮球队出场表演，节假日也会有文艺宣传队演出或篮球对抗赛，充实了群众业余文化生活的内容。

为了发展体育事业，各营也成立了业余篮球队、乒乓球队、羽毛球队，打比赛、看联赛，赛事不断，都能独立地组织和开展群众业余文化体育活动，培养了一批体育骨干和运动高手，有的队员被抽调到十堰市队或直接组队代表十堰参加对外省、市的比赛。当年"102"无偿地出人、出钱、出机械，去挖山、垫土建成十堰市第一个有 400 米跑道的山城体育场（现十堰市公园东边的体育场）①。那是当时十堰市举办大型运动会和群众集会的主要场地，也成为企业、

---

① 中国人民政治协商会议湖北省十堰市委员会文史和学习委员会．十堰文史［第十五辑］三线建设·"102"卷（上）［M］．武汉：长江出版社，2016.

社会办体育的成功范例。1971年，经红卫地区建设总指挥部同意，"102"土石方团在张湾路南的山下，挖洞埋炸药放了一个大炮震山体，再用机械挖掉半个山，建成一个有台阶的广场，成为当年十堰群众集会的主要场所。

除经常开展常规的体育比赛项目以外，还有爬山、拔河、投手榴弹比赛，最受欢迎的要数趣味运动会，如托球赛跑、两人三脚跑、慢骑自行车和女职工的厨艺比赛等。参赛者力争上游，观赏群众的喊声和掌声震耳欲聋。那时候的体育活动，不仅职工参加，各级领导、家属和小孩也融入其中。这样的活动既丰富了群众的业余文化生活，又振奋了职工积极向上的热情，为三线建设提供了巨大的精神能量。

在那个火红的年代，无论是工会组织的内部运动会还是职工们业余时间自发进行的体育活动，场面也是空前的火爆（图3-25）。灯光球场凝聚了太多团队情谊，成为"102"建设者挥洒青春与汗水的运动场。如今，有时代斑驳的灯光球场记录了一场场气壮山河的拔河比赛，啦啦队的加油呐喊声仿佛还能听见，球场上那生龙活虎的矫健身影还历历在目，那些颇有山沟特色的三线工厂体育活动成为几代人的集体记忆。

图3-25　1974年，二汽建设现场职工足球赛

（图片来源：郭迪明先生提供）

3.5 集体意志的塑造

在三线建设初期相对艰苦的环境与落后的经济条件下，文娱活动空间普遍存在于各个厂矿单位中，作为集体活动的空间载体，有其存在的意义与价值。集体与集体主义的传统文化价值观自古就在我国占据重要地位，三线建设时期强调集体主义精神、培养集体意志是极有必要的。

1. 制度性与组织化

制度性与组织化是工人阶级形成集体意志与集体行为的内在要求，三线建设时期的制度性与我国计划经济时期的单位制度高度一致，而组织化则体现于厂内工会等党群组织以及特殊的半军事化管理模式。

单位是国家制定的社会主义策略的产物，并成为国家自上而下实现治理目标的落脚点，是我国社会、经济和空间组织的基本单元。单位内部实行党委领导下的集体管理组织，通过加强生产生活各个领域的监察来规范职工的日常生活，由此建立国家—单位—个人的连结，把个人意志与国家意志联系起来，形成紧密的共同体。所以，三线厂矿单位不仅仅是三线人日常工作场所等物质实体，也是单位内各种组织机构和实践活动等社会系统，其职能包括为职工提供工作劳动机会及薪水报酬，还有一系列惠工福利、社会保障服务如居住、医疗、教育、文体以及子女就业等全方位的利益，并负责职工的政治改造、思想教育、奖惩制度、婚丧嫁娶、治安保护等，可谓"从摇篮到坟墓"，包管单位人的一生，对其职工的日常行为活动具有全面的影响。

2. 空间的限定

三线建设是国家宏观政策推动下的建设运动，其规划及建设生产过程是在政治话语主导下进行的，无论是规划还是建筑设计都必须遵循国家建设策略且有严格的工期要求。将单位制度落实于厂区内的功能组织与形态布局上，形成三线建设特有的具有集体形制特点的建成环境，即临近生产区建设住宅、工人俱乐部、食堂、澡堂等各类生活空间，以确保单位为职工提供完善的生活基础设施，职工的日常生活与生产工作被紧密地结合起来，形成围绕生产空间来组织生活空间的高效空间布局模式。这种具有内在秩序的空间深刻影响着单位内职工的日常行为与精神思想，空间边界与社会边界的重合与限定，成了三线人的集体生活方式与社会关系（图 3-26）。

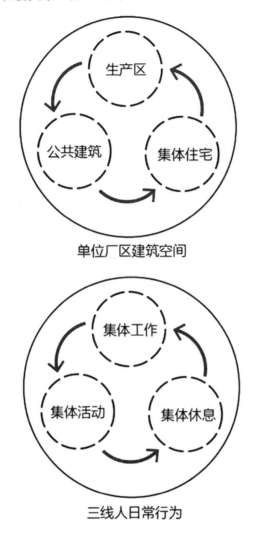

单位厂区建筑空间

三线人日常行为

图 3-26　三线人行为与空间的对应关系

（图片来源：黄丽妍绘制）

3. 思想的教化

三线建设时期各类文娱活动空间承载着作为思想学习、宣传教育场所的使命，国家通过空间的约束将工人群众聚集起来，通过宣教传播集体文化与国家意志，形成一种有组织的工人集体文化生活。

三线建设早期，诸如"中国是支援世界革命的中心""二汽建设早完成，世界革命早胜利，二汽多生产，世界革命人民少流血""早日完成三线建设、让毛主席睡好觉"这类振奋人心的革命口号随着的动员大会的举行深入每一位三线职工的心中，成为他们精神世界中不可动摇的信念。通过集体的思想学习、文化扫盲，职工们增强了对参与三线建设的光荣感，对完成国家任务的使命感，最终促成职工对"三线人"的身份认同，并将高涨的爱国热情转化为投身生产的精神动力。同时，在单位制的整体社会背景下，三线厂矿单位为员工提供了某种社会身份和社会地位，以及外面鲜有的福利保障，如某某厂放映电影，附近工厂的职工以及村民便闻风而来，十分热闹；厂内职工过年、过节分得上肉蛋、白糖，夏天吃的上冰糕……令人很是羡慕，增强了厂内职工的优越感，因而三线人也在各个单位形成自己对某"单位人"的身份认同。这种基于对"三线人"与"单位人"的双重身份认同，形成三线建设者更加强大的集体主义力量。

厂区内精彩纷呈的戏剧演出、扣人心弦的电影情节、英姿飒爽的体育赛事，无不反映国家的文化政策与意志，通过动员鼓舞职工们积极参与进来，以实现思想文化的"国有化"，同时提高三线人对集体活动的兴趣与依赖，形成他们日常围绕工人俱乐部展开的集体行为，塑造了他们以厂为家、以苦为乐的乐观主义精神，从三线人自身的角度来看，这些颇有山沟特色的活动场景现在回想起来仍然历历在目，成为几代三线人印象至深的集体记忆。

各个厂矿单位通过组织政治性的学习、动员性的集会，在精神层面对三线人的牺牲奉献产生巨大的精神慰藉，而日常的娱乐文体活动也成为三线人美好的集体记忆，促成了三线人身份认同与集体意志的构建。所以，三线建设工人俱乐部既是国家构建三线人集体意识的空间载体，也是三线人自身集体记忆的空间载体。

3.6 图纸档案与分析

部分文体建筑图纸如图 3-27～图 3-34 所示。

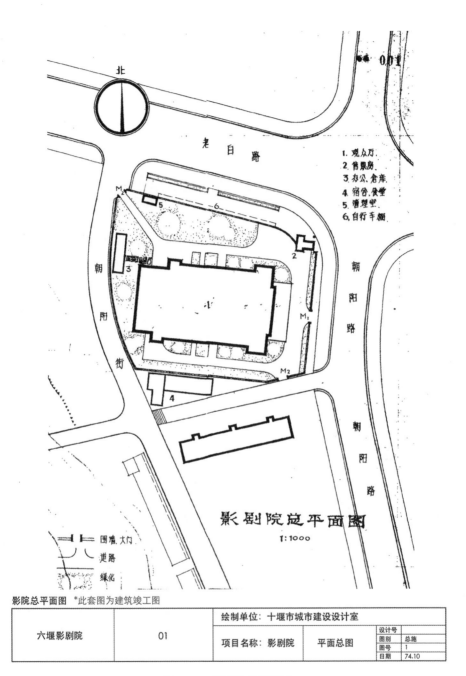

1. 观众厅
2. 售票房
3. 办公、仓库
4. 宿舍、食堂
5. 管理室
6. 自行车棚

影剧院总平面图
1:1000

围墙、大门
道路
绿化

影院总平面图 *此套图为建筑竣工图

六堰影剧院	01	绘制单位：十堰市城市建设设计室		设计号	
		项目名称：影剧院	平面总图	图别	总施
				图号	1
				日期	74.10

图 3-27 影剧院总平面图

（图片来源：湖北工建提供、曹筱袭整理）

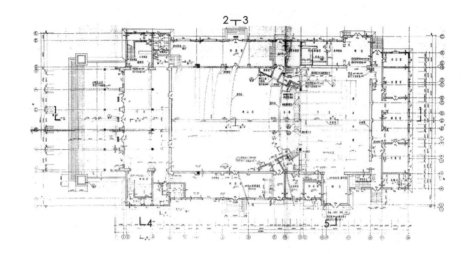

历史图纸-剖面图

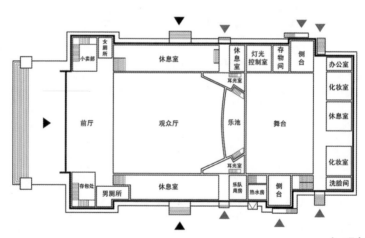

小卖部	女厕所	休息室		休息室	灯光控制室	存物间	侧台	办公室
				耳光室				化妆室
前厅		观众厅	乐池			舞台		休息室
				耳光室				化妆室
存包处	男厕所	休息室		乐队用房	热水房	侧台		洗脸间

▶ 观众出入口

▶ 工作人员出入口

剖面功能分析

六堰影剧院	02	设计单位：湖北省建委第一建筑工程局建筑科学研究所		设计号	73004
		项目名称：影剧院	一层平面图	图别	建施
				图号	1
				日期	73.8.1

图 3-28 影剧院一层平面图

（图片来源：湖北工建提供、曹筱袤整理）

良匠开物——湖北工建"102"时期三线建设工程实录

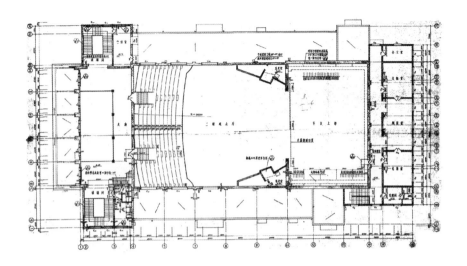

二层平面图

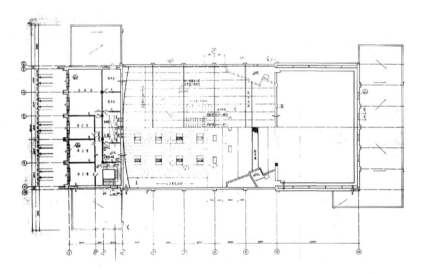

三层平面图

六堰影剧院	03	设计单位：湖北省建委第一建筑工程局建筑科学研究所			
		项目名称：影剧院	二层平面图 三层平面图	设计号	73004
				图别	建施
				图号	2、3
				日期	73.8.1

图 3-29　影剧院二层及三层平面图

（图片来源：湖北工建提供、曹筱袤整理）

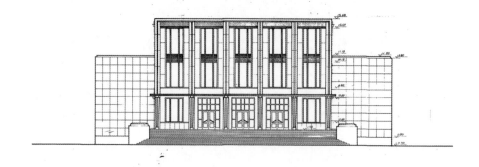

立面图

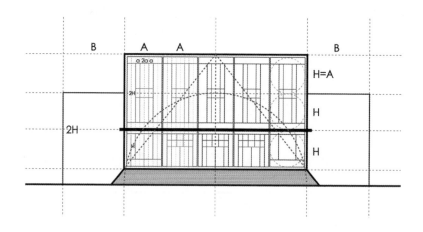

立面构成分析

六堰影剧院	04	设计单位：湖北省建委第一建筑工程局建筑科学研究所				
		项目名称：影剧院	立面图	设计号	73004	
				图别	建施	
				图号	4	
				日期	73.8.1	

图 3-30　影剧院立面图

（图片来源：湖北工建提供、曹筱袤整理）

　良匠开物——湖北工建"102"时期三线建设工程实录

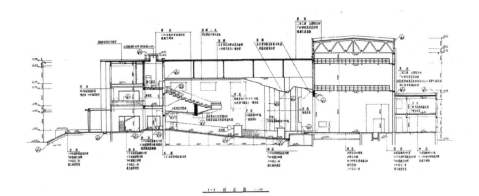

1-1剖面

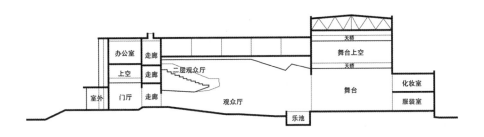

剖面功能分析

六堰电影剧院	05	设计单位：湖北省建委第一建筑工程局建筑科学研究所			
		项目名称：影剧院	1-1剖面	设计号	73004
				图别	建施
				图号	8
				日期	73.8.1

图 3-31　影剧院 1-1 剖面图

（图片来源：湖北工建提供、曹筱袤整理）

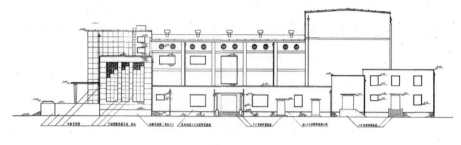

侧立面图

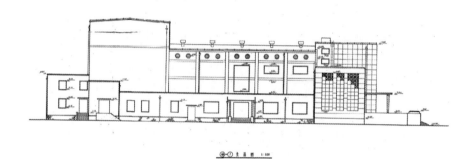

侧立面图

六堰影剧院	06	设计单位：湖北省建委第一建筑工程局建筑科学研究所			
		项目名称：影剧院	侧立面图	设计号	73004
				图别	建施
				图号	5、6
				日期	73.8.1

图 3-32　影剧院侧立面图

（图片来源：湖北工建提供、曹筱袤整理）

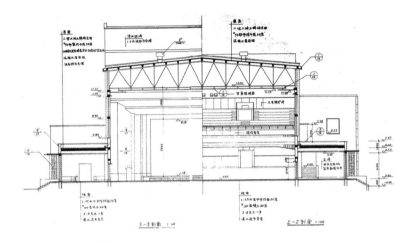

2-2、3-3剖面

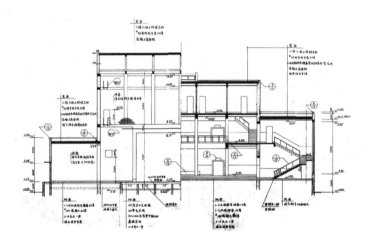

4-4、5-5剖面

六堰影剧院	07	设计单位：湖北省建委第一建筑工程局建筑科学研究所		
		项目名称：影剧院	2-2、3-3剖面 4-4、5-5剖面	设计号 73004 图别 建施 图号 9、10 日期 73.8.1

图 3-33　影剧院剖面图

（图片来源：湖北工建提供、曹筱袤整理）

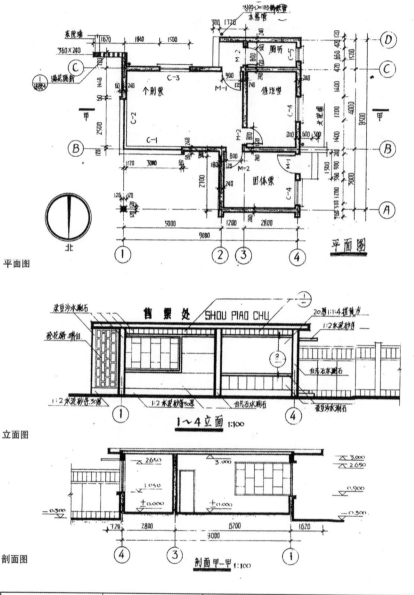

平面图

立面图

剖面图

六堰影剧院	08	设计单位：湖北省建委第一建筑工程局建筑科学研究所		
		项目名称：影剧院	售票处平面图、立面图、剖面图	设计号 73004 图别 建施 图号 9、10 日期 73.8.1

图 3-34　影剧院售票处平面图、立面图、剖面图

（图片来源：湖北工建提供、曹筱袤整理）

第四章

生活区建筑
建设实绩

生活区是与工人日常生活联系最紧密的地方，包含住宅、宿舍和食堂、商店、学校等公共服务类型的建筑。这些具有时代特色、形态丰富的建筑承载着难忘的岁月记忆和生活变迁。住宅从最初的芦席棚和干打垒建筑，发展至后来的单身宿舍和单元楼，工人的住宅和生活条件逐步改善。子弟学校从活动板房发展为固定的校舍，承担演出、会议、餐饮三类功能的三用食堂是那个年代特有的"综合体"。本章将以居住建筑、教育建筑和食堂三种类型展开对三线建设时期生活区建筑景象的描述。

4.1 居住建筑

纵观三线建设时期，居住建筑受到经济条件、社会制度和地理环境的影响（表 4-1）。1968 年底，二汽确定在十堰地区建厂后，大批参加二汽建设的职工进入基地。因为"先工业、后民用；先生产、后生活"的建设方针，建厂初期工人住房往往因陋就简，当地出现了大片的临时性住宅，包括砖木结构房屋、芦席棚、干打垒等。尔后随着经济的提升与施工技术的改良，住房环境逐渐得到改善，砖混结构的多层住宅逐渐取代了过去的简易住宅，后又出现具有工业化批量建造特征的住宅。生活的形态不断更替，也改变着城市空间的形态。

1. 单身工人宿舍

建设初期，单身职工多居住在民房、车间以及简易搭建的芦苇棚。芦苇棚指土墙、草顶、有门无窗的平房，入住前一般要整理地面然后换土夯实，屋顶铺设油毡。车间内经常设大通铺，全部用竹排铺设，住宿环境犹如一个大囚笼，整天人声嘈杂。

简易搭建的临时性住所包括芦席棚和木板房两种。这些住所由简易加工的材料（木板）或当地容易获得的材料（黄泥、芦席、当地石头等）建成，可以在短时间内解决工人们的居住问题，体现出一定的流动性和经济性。芦席棚和木板房一般都是大通铺，卫生间和厨房设在外边其他地方。十堰市山多平地少，工人们只能"靠山近水扎大营"，把这些临时性住所搭建在河滩边或山坡上，甚至还会建在稻田里，既要防火灾又要防洪水。工人们使用"竹箅子"充当卧具，这种卧具由拇指粗的青竹以钢丝穿成宽 90 厘米、长约两米的竹排，再在竹排上铺稻草帘子而成。到 1975 年，工人们居住芦席棚和活动板房的历史基本结束。

表 4-1　十堰市 20 世纪 60 至 90 年代居住空间发展简表

时间	规划设计思想	居住空间与城市的发展	居住空间的空间形态特点
20 世纪 60 年代	为工业生产服务，与生产空间邻近布置	"先生产、后生活"，居住因陋就简，尽量压低建设水平与规模	缺乏正式的规划，以芦席棚、干打垒等形式散落布置，靠山近水或靠近工地
20 世纪 70 年代	为工业生产服务，渐成生活居住组群	有条件地逐步改善居住环境城市居住空间规划从居住区一级扩充到居住小区二级	住宅以条式为主呈行列式布局，砖混结构，大部分共用卫生间，由于类型单一而缺乏辨识度
20 世纪 80 年代	为城市人民服务，居住区的规划选址综合多方面因素考虑	人口的递增使得城市居住空间更加注重质量与多样化发展，居住空间的功能设计也要考虑到市民的生活便捷	居住小区内功能混合，组团之间有机分布，居住组团采用不同形式的住宅组合

表格来源：杨素贤绘制。

简易的芦席棚先用胳膊粗的树干或竹竿制作框架，然后围上芦苇席并在其上抹黄泥，最后盖上油毛毡就可完成搭建，但不能有效地防雨御寒（图 4-1）。大的芦席棚占地高达 1000 多平方米，能容纳 300 多人，洗脸盆、牙具、毛巾分三个区域存放，室内三条通道和门窗均用活动芦席代替。芦席棚的一角常常划归为办公人员的工作间以及住宿处。

木板房即活动板房，制作方式有两种。一种是以单层木板条钉制、用钢筋串接起来，地上铺上稻草即可使用。这种活动板房虽然可以挡风遮雨，但是不能御寒祛暑。夏天室温可高达 38 度，冬天室温在 10 度以下。为了防止太阳直射屋顶，工人们会在活动木板房上搭遮阳棚。另外一种板房的制作相对比较讲究，用 10 厘米厚的方木条做楞子，两面钉上木板，墙板每块 1 米宽，屋顶每块 50 厘米宽，木板中间填充锯末、刨花等保温材料，再用直径 2 厘米的钢筋把木板拼装起来，最后在屋面上铺设油毡，这种板房具有一定的保温性能（图 4-2）。

(a)芦席棚宿舍老照片

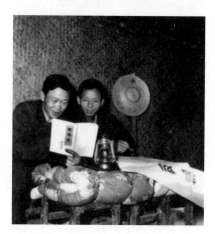

(b)芦席棚里的生活场景

图 4-1 建设初期工人居住的芦席棚

（图片来源：湖北工建提供）

随着大量职工进驻十堰，厂区开始修建干打垒式和砖混结构的单身宿舍（图 4-3）。早期的干打垒住房只有一层，卫生间设在外面。之后干打垒住房发展到两到三层，公共卫生间一般设在楼梯间附近。十堰市北京路现存的一座三层干打垒住宅，整体为"L"形的"筒子楼"，每个单间面宽 3.3 米，进深 4.9 米，卫生间设在转角处。过去一个单间可住 4 名职工，如今住在这栋楼房中的居民一户占用两个单间，分别作为卧室和厨房。

三线建设时期，砖材供应十分紧张，干打垒住宅建造用的材料在当地就能获得，可缓解工人骤增，住房紧缺的矛盾，同时二汽建设总指挥部提倡"工

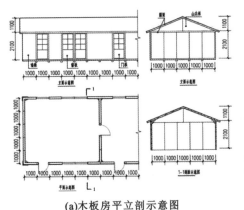

(a)木板房平立剖示意图

(b)十堰市花果片区仅存的建于
20世纪60年代的木板房

图 4-2　建设工人曾经居住的木板房

[图片来源：（a）何盛强绘制，（b）湖北工建提供]

(a)北京路现存的"102"建设者干打垒住宅　　(b)铸造二厂唐沟小区砖混结构的单身宿舍

图 4-3　三线建设时期的单身宿舍

（图片来源：何盛强拍摄）

业学大庆"精神，因此干打垒住宅被广泛地建造在各个建设工地上。搞不搞干打垒的问题，甚至提高到能否发扬延安"艰苦奋斗，自力更生"作风的认识高度。干打垒又称为"三合土"，原材料是经过处理的黄土、白灰和砂石。三种材料的配合比根据墙体位置严格控制，如住宅底层墙体三合土的体积比为 2（石灰）：2（天然级配砂石）：8（黏土），二层及以上的墙体三合土的体积比则为 1.5（石灰）：2（天然级配砂石）：8（黏土）。施工的时候，先把木模板夹在勒脚的两皮砖上，并用硬木夹子固定，再放入预先准备好的三合土。夯土需要用特制的工具夯实，每层夯实完后都要在土层顶面放置两根通长的竹竿或竹片。待土墙与模板夯平时，即可平移或抬升木模，继续夯筑其他位置。当土墙高达1米后，内、外墙应同时用木拍拍打，外墙拍打时可用水泥，增加墙面的防水性能。

1972年，基建政策发生改变，允许建砖瓦房，十堰各地也建成烧制红砖的工厂，于是专业厂开始修建砖混结构的单身宿舍楼，单身宿舍又分外廊式和内廊式，设有公共卫生间和淋浴间（图4-4）。通用锻铸厂的北集201单身宿舍为内廊式，每个单间面宽3.3米，进深5.4米。标准件厂的单身宿舍楼为外廊式，走道宽1.5米，每个隔间面宽3.6米，进深6米，厕所与盥洗室设在楼梯间后。

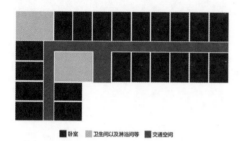

(a)北京路现存的"102"建设者干打垒
住宅，内廊式

(b)标准件厂单身宿舍，外廊式

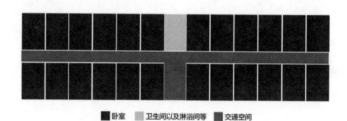

(c)通用锻铸厂北集201单身宿舍，内廊式

图4-4　三线建设时期单身宿舍的平面组织

（图片来源：何盛强绘制）

20世纪80年代后，为了改善单身职工的住宿环境，厂区新建的单身宿舍楼一般都设有各种活动室，平面形式有所改变。轴瓦厂于1987年新建的单身宿舍楼，在一楼设置棋牌室、电视室、活动室以及门厅，每个隔间带有阳台。而1987年新建的化油器厂单身宿舍楼，活动室与宿舍楼通过楼梯间相连，宿舍区设有洗衣间（图4-5）。

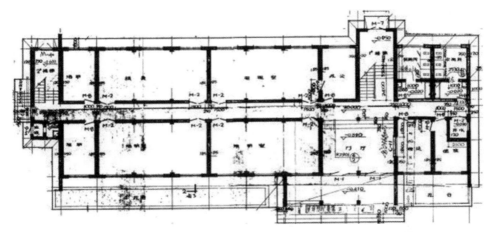

(a)轴瓦厂1987年单身宿舍楼一层平面

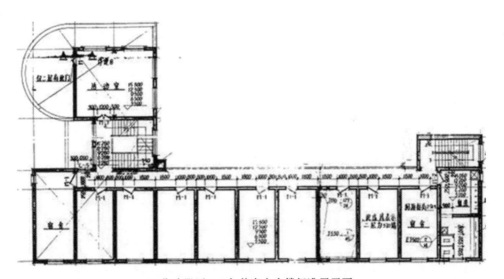

(b)化油器厂1987年单身宿舍楼标准层平面

图4-5 20世纪80年代后期的单身宿舍楼平面图

（图片来源：湖北工建档案室）

2. 单元式家属住宅

建厂初期，职工家属一般居住在当地农民家中，相当一部分职工家属暂住在芦席棚和木板房分隔出来的单间。随着职工人数的增加，特别是婚龄段工人数的增加，工厂面临着职工住房数量不足的困难。1973年二汽厂房主体基本建成，随迁家属逐渐进驻十堰，职工的居住方式开始从公共性的集体生活转向更为私密性的家庭生活，空间品质大幅提高。专业厂开始完善生活区建设，对损坏比较严重的房屋进行了修缮加固，对设计不合理的房屋进行改造。为了增加居住面积，厂区拆除干打垒房屋，新建多层空心砖楼房，户型采用单元式，大大缓解了职工住房困难。1981年以后，二汽在增建职工宿舍时，再也不见简易宿舍的形式。

早期单元式家属楼不做外立面粉饰，展现最真实的结构与材料。改革开放后，经济水平得到提升，新建的家属楼采用阳台、栏杆、楼梯间镂窗等进行立面上的装饰，外墙抹灰，整体效果与红砖立面的家属楼形成对比（图4-6）。通过梳理不同时期的家属楼平面，发现单元式家属楼基本上属于梯间式，即通过公共楼梯直接进入各户。梯间式可以减少户外交通面积，使得单元之间布置得更加紧凑。单元式家属楼在发展过程中，户内功能趋向完善，户型样式愈加丰富，发展出一梯两户、一梯三户以及一梯四户的户型，最为常见的是一梯两户。不同时期家属楼有着不同的平面组织方式（表4-2）。

图4-6 发动机厂不同时期的家属楼

（图片来源：何盛强拍摄）

良匠开物——湖北工建"102"时期三线建设工程实录

表 4-2 不同时期专业厂家属楼功能分区与平面组织对比

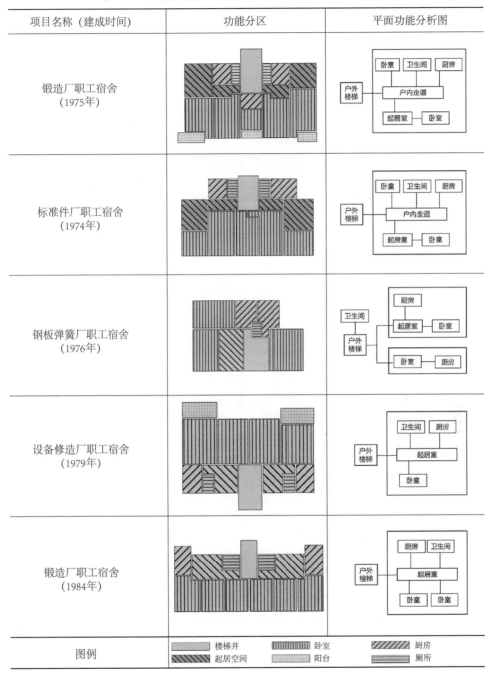

项目名称（建成时间）	功能分区	平面功能分析图
锻造厂职工宿舍 （1975年）		
标准件厂职工宿舍 （1974年）		
钢板弹簧厂职工宿舍 （1976年）		
设备修造厂职工宿舍 （1979年）		
锻造厂职工宿舍 （1984年）		
图例	楼梯井　　卧室　　厨房 起居空间　　阳台　　厕所	

临街的家属住宅在设计时通常把一层设置为商业用途，方便生活区内职工生活。位于组团内部的家属楼，一层住户经常自发在客厅外用矮墙围合出一个小型生活院落。家属楼的户型在发展过程中，还曾出现过团结户的户型结构。以锻造厂 1973 年使用的"5-7-3"单元式家属楼户型与标准件厂 1974 年使用的"住 5-8-1"家属楼户型为例，在进行住房分配时，为了缓解人多房少的紧张局面，这些单位将其中的一个大套间改造成两个小套间分配给两户人住，每户各持大套间的一半产权。在使用时，两户居民共用一个卫生间，但每户各有独立的厨房和户门。

家属楼在多年的发展过程中，逐渐取消公共卫生间，私密性增强；居住空间越来越完整，起居室、厨房与卫生间基本布置在一侧，另外一侧设置空间较为工整的卧室，满足动静分区。1980 年以后的家属楼中，每户基本设置一个小前厅，由前厅进入客厅、卧室及其他房间。

1984 年的"住-84-01"通用住宅设计图，提供了 5 种单元自由灵活组合，阳台形式也有 13 种，这样的组合方法使得家属楼的立面更加的活泼、多样化。可选用的 5 个户型与当今社会上出现的户型相差不大（图 4-7）。

图 4-7　三线建设时期住宅形态演变

4.2　住宅类建筑案例

1. 发动机厂南村住宅

发动机厂南村住宅位于湖北省十堰市张湾区新疆路 49 号，总用地面积为 3.02 公顷，处于发动机厂的东南方（图 4-8）。住宅建筑面积为 26360 平方米，规划居住户数为 672 户。公共建筑面积包括底层商店与托幼，其中底层商店面积为 798 平方米，托幼面积为 800 平方米。河道公路面积为 2.04 公顷，此外还建有冷藏库与公共浴堂。

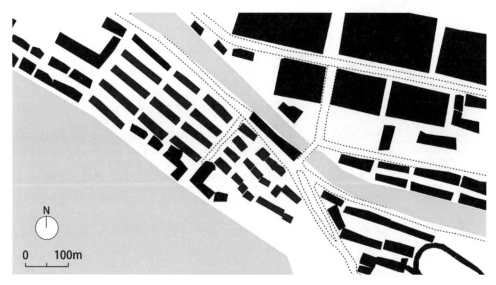

图 4-8　十堰发动机厂南村住宅总平面图

　　该住宅区规模较大，建制完整，包含住宅和底层商店。住宅约有 34 栋，现在大多数已空置，少数为当地农民租住，建筑整体保存状况良好。住宅均为砖混结构，以红砖或青砖砌筑外墙（图 4-9）。住宅的圈梁有砖平砌圈梁和混凝土圈梁两种，有时也搭配使用。混凝土构件多用在悬挑处或柱间。建筑材料使用了一种特殊尺寸的红砖，尺寸为 240mm×115mm×212mm，一块相当于四块普通红砖的体积。通过对参与建设的老工人进行口述访谈了解到，这种砖为定制砖材，目的是便于施工，缩短工期。

　　住宅区内处理场地高差的挡土墙的材质以毛石与混凝土为主，建筑构造合理，且保存良好。砖石基础和钢筋混凝土结构外露，真实呈现出建筑的内部结构。外墙通过不同的砌法形成多种立面花纹，使得墙体造型朴素而生动（图 4-10、图 4-11）。墙面上用混凝土做出"毛泽东万岁！"等宣传标语，具有三线时期的年代特色。

　　总体来说，住宅的整体布局已具备现代小区的特点，左侧紧邻医院，与发动机厂的距离适中，且建筑间距合理，整体呈现出一种平实典雅的风格特征。

图 4-9　住宅红砖风貌

（图片来源：杨素贤摄）

图 4-10 南村住宅建筑

（图片来源：杨素贤摄）

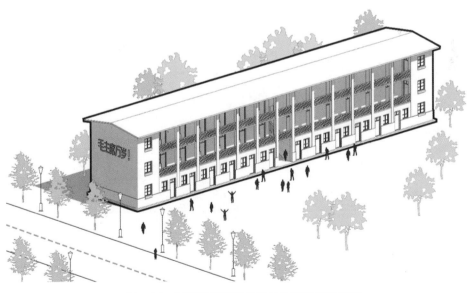

图 4-11 根据现场调研的南村住宅建筑轴侧图

（图片来源：黄丽妍绘制）

2. "102" 盛丰大院

"102" 盛丰大院，位于湖北省襄阳市盛丰路与胜利街辅路交叉路口西南 150 米，名为盛丰大院，北邻南湖广场，主入口在盛丰路朝北（图 4-12、图 4-13）。该院为 "102" 支援二汽襄阳基地和襄阳市建设的工人自行建造的自居房，建造时间从 20 世纪 70 年代初持续到 20 世纪 80 年代初。

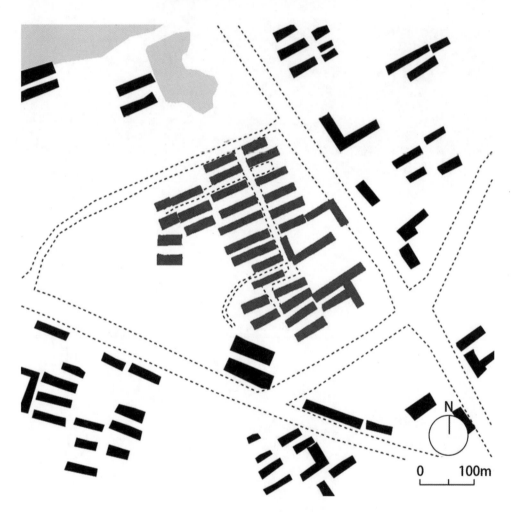

图 4-12　盛丰大院总平面图

（图片来源：杨素贤绘制）

图 4-13　盛丰大院鸟瞰图

（图片来源：杨素贤拍摄）

盛丰大院位于襄阳市襄城区护城河南部，地理位置较好。小区住宅多为砖混结构，墙体用红砖砌筑，预制的混凝土构件多用在过梁、悬挑梁和屋面处，构件尺寸统一。建筑外墙不加装饰，方正平直，棱角鲜明。同时，素混凝土构件青灰色的材质与红砖形成对比，呈现出清晰的材料和结构逻辑，营造出强烈的视觉反差效果，是砖混建筑技艺的典型代表（图 4-14、图 4-15）。

小区内有面积 30～50 平方米的较小套型和 100 多平方米的较大套型。分别有两家、三家和四家共用一个卫生间的楼栋，卫生条件相对较差。三家和四家共用一个卫生间的楼栋，卫生间面积更显狭小，仅能供一人停留。功能配套比较完善的大户型楼栋，除了主要房间面积较大外，卫生间和厨房面积也基本与现代单元楼小区相同，只是客厅面积稍小。相比共用卫生间的楼栋，居住舒适度较高。总体来说，小区各个楼栋之间居住条件参差不齐，显出较大差异。

厕所分为共用和私用两种，同时厕所的面积与户型大小关联，区分出户型的等级。最北侧一梯两户厕所为每户私用，且面积宽松。另外，这个套型的卧室面积与现代居住小区面积相当，条件最好，为第一层级套型。南侧一梯三户厕所为每户私用，但面积稍小，属于第二层级的户型；中部一梯四户厕所为共用且厕所面积同样较小，属于第三层级的户型。

图 4-14　盛丰大院楼栋南立面

（图片来源：杨素贤摄）

图 4-15　盛丰大院楼栋轴侧图

（图片来源：黄丽妍绘制）

大多数单元住宅内部包括两个单元，每个单元为一梯三户，采用半封闭式楼梯。每个户型中的厨房位于房间中采光不太好的位置，且面积较小，所以住户一般都会向外加建。由于使用的材料各异，整个立面显得杂乱。加建部分不同的材料、不同的颜色、不同的位置，将居民自我改造的痕迹保存下来，体现出不同时期人们的住房需求和改造部位的产业供给（图4-16）。

图4-16　盛丰大院住宅楼沿街立面

（图片来源：杨素贤拍摄）

4.3　子弟学校

　　为了在备战的国际背景下建设起完备的第二套国家工业体系，"102"建设者或只身或携家带口来到鄂西北的大山之中，抱着"献了青春献子孙，献了子孙献终身"的决心，从1969年开始建设二汽，在10多年的建设过程中，第二代"102"建设者接过父辈的旗帜，承续接力的成长为又一代中坚力量。在培养"102"子弟的过程中，"102"子弟学校起到了不可替代的作用。在我们向"102"退休职工发放的调查问卷中，学校建筑是这批人记忆中最为深刻的场所。因此，子弟学校建筑成为重要的研究对象。

　　在"先生产、后生活"的指导思想下，"102"子弟学校和其他三线学校一样，经历了从"席棚子"为代表的临时建筑向多层楼房的转变。学校空间虽然"简陋"，但是其中也承载了一代代"102"子弟难忘的记忆。如今，当年的多数子弟学校已被拆除，存留的档案也十分有限。我们有幸联系到曾在"102"第一子弟学校执教的老师，通过与他们的口述访谈，结合现场调研，我们尽可能地复原了工建一公司第一小学。并在查找建设档案的过程中，找到了"102"参与建设的十堰二汽锻造厂托儿所。我们希望能够以这两个案例为线索，窥见"102"子弟当年生活、学习过程中的经历，以及艰苦环境下师生乐观向上的精神面貌。

1. 湖北工建一公司第一子弟学校

湖北工建一公司第一子弟学校的前身建于 20 世纪 60 年代末。建筑位于二汽铸造一厂南边的半山坡上，由两栋相互平行的临时单槽瓦房组成。学校由 6 米长，1.2 米宽的水泥预制板作为主要结构，屋面覆盖席棚子和油毡布，操场则是由推土机推平的一块土坡。由于学校紧邻二汽厂房工地，"102"建设者利用工地上多出来的水泥预制板，利用工余和休息时间将学校搭建起来。

学校建成初期，入学的子弟较少，教学也不局限于教室内（图 4-17）。祠堂、公社、田地，甚至竹林里都曾是这些早期学生的"课堂"空间。直到 1975 年上初一，他们才有了固定的校舍——省建 局 公司第 ·子弟学校。

图 4-17　一公司子弟学校合影

（图片来源：湖北工建提供）

学校位于花果桥的北坡，主教学楼是"L"形的 4 层教学楼，初中和高中都在这 4 层楼里。主教学楼边是二层的教师办公楼（图 4-18），两楼相距很近，教室有什么动静，在老师这边听得很清楚。学校内没有操场，学生没有活动场所，就在前面河沟的一块滩地做了体育场。就在这块简陋的滩地体育场上走出了中国女足国家队队员刘爱玲。

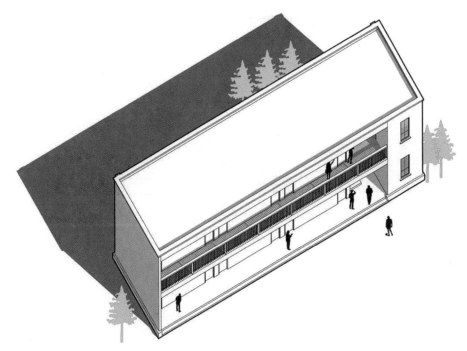

图 4-18　根据历史图档复原的湖北工建一公司子弟学校旧校址轴测图

(图片来源：王丹绘制)

2. 二汽铸锻厂托儿所

二汽铸锻厂托儿所位于湖北省十堰市车城路 115 号，紧邻铸锻厂食堂。托儿所与厂区分离，有独立的出入口，原托儿所建筑现仍在使用，已更名为"幸福娃幼儿园"。托儿所整体呈"F"形，主要承担二汽铸锻厂职工日常托幼工作。

托儿所筹建于 1970 年 8 月，设在厂区西侧山上的一套平房里，初建所时条件非常差，一无玩具，二无桌椅，三无床铺，在通往托儿所的山坡上，只有一条便道，如遇雨天，泥稀路滑，很难行走。随着生产建设的发展，托儿所的面貌也发生了变化，房屋建筑面积逐年增加，由 1970 年 23 平方米增加到 1971 年的 40 平方米，到 1972 年增加到 180 平方米，1982 年落成一座三合院的正规托儿所，总建筑面积为 895.6 平方米。从最初只有 6 名小朋友入托，到 1977 年的高峰期达到 308 名。

托儿所在建立之初呈方形平面，外立面采用白色涂料涂刷。外立面分左右两部分，左侧较为封闭，右侧较为开放（图 4-19～图 4-22），建筑结构为混凝土柱子加红砖砌筑，内部有活动室、卧室、洗手间等功能。

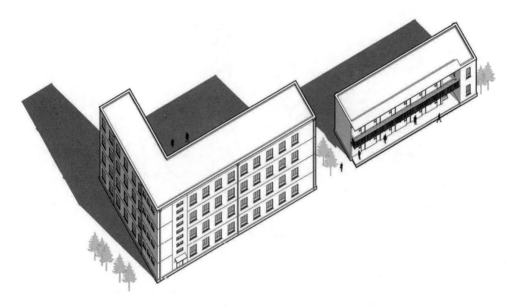

图 4-19　根据历史图档复原的二汽铸锻厂托儿所轴测图

（图片来源：王丹绘制）

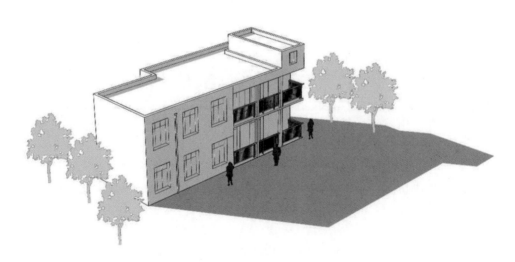

图 4-20　根据历史图档复原的二汽铸锻厂托儿所轴测图

（图片来源：王丹绘制）

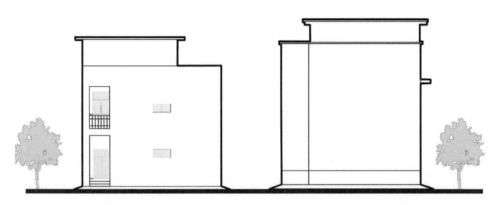

图 4-21　根据历史图档复原的二汽铸锻厂托儿所西立面、东立面

（图片来源：王丹绘制）

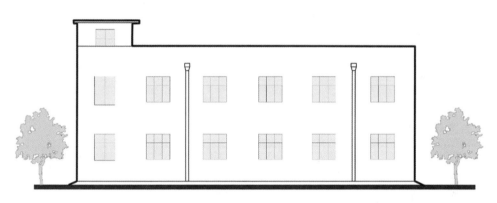

图 4-22　根据历史图档复原的二汽铸锻厂托儿所北立面

（图片来源：王丹绘制）

4.4　食堂

在解决基本的居住需求后，为了方便生产生活，厂内配套的惠工服务空间开始建设，集体食堂是职工印象最为深刻的公共空间。在十堰建设二汽时，各团营各设有大食堂（临时搭的大棚），后来各连都设了食堂。在条件艰苦的年代，主食以当地的糙米为主，砂粒很多，发馒头票来领取馒头。副食基本是"二瓜一带"（冬瓜、南瓜和海带），青菜很少。据当年参与二汽建设的老职工乐淑清回忆，当年的食堂非常简易，比工棚大一点、高一点，一般能坐

下近千人一起进餐。食堂内只有灶台和大锅，炒菜用铁锹般大的锅铲，洗菜用大水池子。由于进餐的人多，为保证供应量，青菜简单冲洗下锅之后加两遍水就铲了起来。

计划经济时代，蔬菜和副食都从外地采购。后勤人员针对吃菜难的问题，利用车队外出运输设备的机会，上河南、下四川，将各种食材尽最大可能运回厂里。逢年过节，从没有休息日。劳累了一天的职工只要回到了基地，总有热腾腾的饭菜等着他们。在二汽建设高潮期，各种会战不分昼夜连轴转，职工们不能及时就餐，后勤人员想尽办法为一线服务。无论刮风下雨，保温桶装着热腾腾的馒头、米饭送到工地现场，炊事员每天定人定点守在锅灶旁待命，有时也会在施工现场建设临时食堂。尽管空间简陋、食材简单，却是生产建设的有力保障。

1. 二汽铸锻厂干打垒食堂

二汽铸锻厂食堂位于十堰市车城西路 115 号，由于年代久远，现已废弃。1971 年由"102"一团二营承建了干打垒简陋职工食堂，食堂面积为 1092 平方米，投资 161477 元，单方造价约 148 元。食堂除了为本厂职工服务外，每年还为外来人员提供就餐的方便，高峰期可供 600 人就餐。1983 年 10 月，新开工了面积为 1034 平方米的职工食堂，其建筑结构、室内设备都比较新颖，1984 年年底投入使用。

通用铸锻厂整体形态呈"Y"形，生活区位于厂区西侧的山沟里面，食堂和浴室分布在厂区与居住区之间，原有旧食堂为干打垒结构，时代气息浓厚。

墙体采用三合土，主要有石灰、秸秆、泥土等材料，在"备战备荒为人民"的指导思想下，厉行节约，缓解了建设时期材料不足的困难。新食堂建造好后，干打垒食堂便已废弃，但仍是一个时代的印证。新建食堂位于厂区西门门口，有上下两层，由于厂区与居住区为两个标高，食堂一层主要供厂区使用，外面有楼梯直接通向食堂二层，方便了职工与职工家属的日常就餐。新建食堂主要为钢筋混凝土结构，外贴白色瓷砖，在一座座红砖厂房中，呈现出别样的色彩。新食堂朝向路面的一侧，窗户内凹，形成整片的大玻璃，增强了光影效果。同时，大片的玻璃立面增加了室内的采光，节约了能源，入口处外伸出一个小的门廊，门前的阶梯与立柱凸显出了整个食堂的重要性。整个建筑方正平直，立面新颖有趣，显现出新时代建筑的气息。

2. 二汽铸锻厂三用食堂

二汽铸锻厂三用食堂位于十堰市车城路 115 号，紧邻铸锻厂托儿所。整个三用食堂有对外的独立出入口，原食堂的售票厅等空间现在主要由药店、跆拳道训练馆等占据，原有的就餐厅现作为该厂室内体育场使用（图 4-23、图 4-24）。食堂呈长方形形态，主要满足铸锻厂工人们日常的餐饮及娱乐需求。

图 4-23　二汽铸锻厂三用食堂

（图片来源：李登殿摄）

图 4-24　二汽铸锻厂三用食堂室内现状

（图片来源：李登殿摄）

三用食堂整体呈方形平面，建筑结构为混凝土加桁架结构，外立面用白色涂料粉刷，立面造型线条简洁，有大面积的钢骨玻璃窗（图4-25～图4-27）。建筑外部有售票厅等辅助建筑，内部有演出用的舞台，建造初期，三用食堂承担了一部分对外的演出活动，建筑内部未设观众席，可供职工们在此就餐。

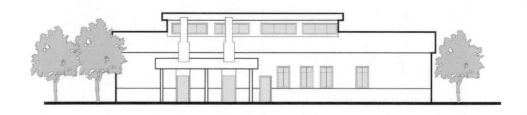

图4-25　根据历史图档复原的二汽铸锻厂干打垒食堂立面图

（图片来源：李登殿绘制）

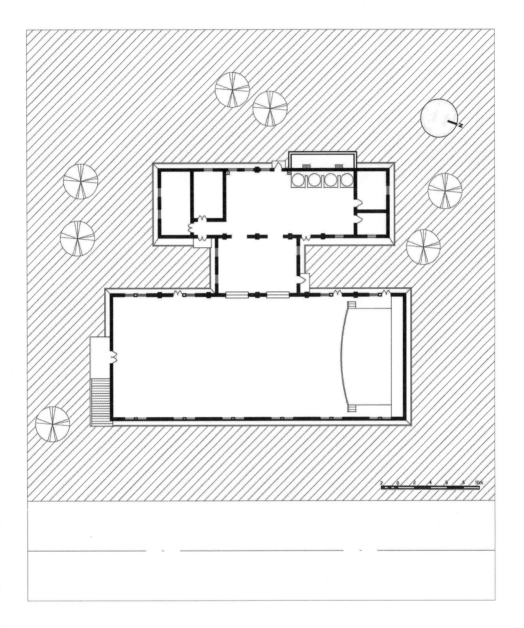

图 4-26　根据历史图档复原的二汽铸锻厂三用食堂

（图片来源：李登殿绘制）

图 4-27 二汽通用锻造厂三用食堂复原图

(图片来源：李登殿绘制)

　　三用食堂是三线建设时期十分具有特色的一类建筑，承担着餐饮、演出、会议三类功能，是三线建设时期国家大力搞建设的情况下，勤劳聪明的三线人基于实际工作生活所创造的一种空间高效利用方式。它不仅提高了三线职工的生活质量，也丰富了相关类型建筑的设计经验。

4.5 图纸档案与分析

　　二汽居住建筑通用构件图集图纸如图 4-28～图 4-35 所示。

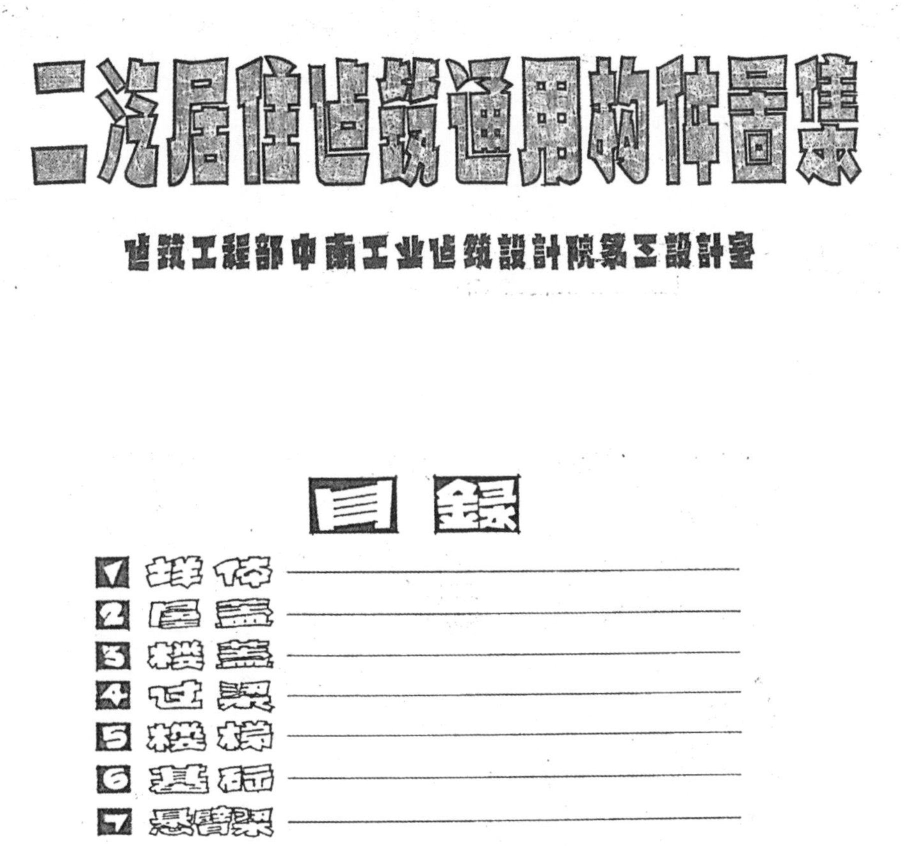

二汽居住建筑通用构件图集

建筑工程部中南工业建筑设计院第三设计室

目 录

1. 墙 体 ——————————————
2. 屋 盖 ——————————————
3. 楼 盖 ——————————————
4. 过 梁 ——————————————
5. 楼 梯 ——————————————
6. 基 础 ——————————————
7. 悬臂梁 ——————————————

二汽居住建筑 通用图集	01	绘制单位：建筑工程部中南工业建筑设计院第三设计室		
		项目名称：二汽	目录	设计号
				图别
				图号
				日期　1967.10

图 4-28　二汽居住建筑通用构件图集目录

（图片来源：湖北工建提供、曹筱袤整理）

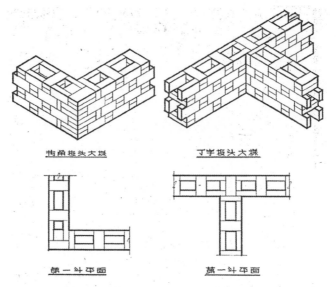

转角接头大样　　　丁字接头大样

第一斗平面　　　第一斗平面

説　　明

1. 在空斗墙的下列部位，应用斗砖实砌：
   (1)室内地坪上四皮砖部分；
   (2)楼板和小梁等的支承处四皮砖部分；
   (3)楼板拊件侧边部分；
   (4)屋檐和山墙压顶下的二皮砖部分；
   (5)楼梯间的墙，挑檐，烟道等部分；
   (6)壁柱和门窗洞口两侧一砖范围内；
   (7)予埋件处；
   (8)作为承挡土压的部分。
   砌筑砂浆在第(1)项和第(2)项部分不低于25号，在第(8)项部份，不低于50号。
2. 空斗墙身转角和丁字形接头部位，在下列情况下应用斗砖实砌（实砌范围见图）：
   (1)建筑物的地基松软，沉陷较大时；
   (2)外走廊有悬臂梁伸入横墙处。
3. 空斗墙上不得任意凿槽打洞，如施工图上设置孔洞时，洞口四边应予实砌。
4. 自承重空斗墙上门窗宽度不超过1200时，可用实砌发碳砖过梁，砖浆标号不低于50号。
5. 空斗墙在砌筑前，应根据墙垛的设计高度，安排好皮数，侭量避免碳砖。

二汽居住建筑通用图集	02	绘制单位：建筑工程部中南工业建筑设计院第三设计室		
		项目名称：二汽	240空斗砖墙	设计号
				图别
				图号 1A-1
				日期 1967.10

图 4-29　240 空斗砖墙

（图片来源：湖北工建提供、曹筱袤整理）

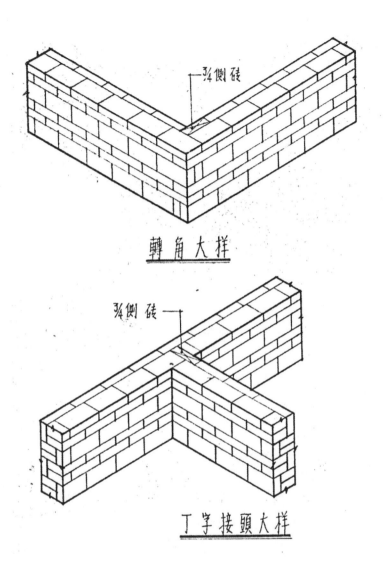

转角大样

丁字接头大样

二汽居住建筑通用图集	03	绘制单位：建筑工程部中南工业建筑设计院第三设计室			
		项目名称：二汽	180实砌砖墙	设计号	
				图别	
				图号	1A-2
				日期	1967.10

图 4-30　180 实砌砖墙

（图片来源：湖北工建提供、曹筱袤整理）

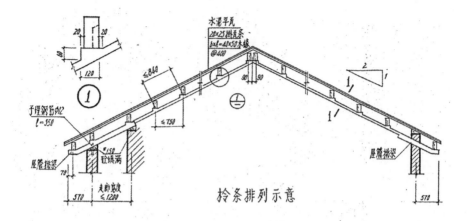

檩条排列示意

说　明：

1. 山墙钢筋砼压顶如不用簷口挑梁时，可以取消，但在檩条支座另用素砼捣平，将预埋铁件预先埋入。

2. 预制簷口挑梁可以改为现场捣制。

3. 钢筋砼檩条係根据下列两种荷载情况設計。

   (1)自重+水泥平瓦(60 kg/m² × 1.1)+平顶(45 kg/m² × 1.1)+雪重(50 kg/m² × 1.4)

   (2)自重+水泥平瓦+平顶+施工集中荷载(80kg)

4. 屋脊部分两根钢筋砼檩条可以使用一根 b×h = 80×140 木檩代替。

5. 檩条轴跨≤2400时，改用木檩，方木料为60×120，圆木檩为φ10。

6. 当木椽支承於纵墙上时，在外山墙正簷部分另加一根挑簷木80×140(ℓ-1800)。

二汽居住建筑通用图集	04	绘制单位：建筑工程部中南工业建筑设计院第三设计室			
		项目名称：二汽	钢筋砼"厂"形檩条屋盖	设计号	
				图别	
				图号	2A-1
				日期	1967.10

图 4-31　钢筋混凝土"厂"形檩条屋盖

（图片来源：湖北工建提供、曹筱袤整理）

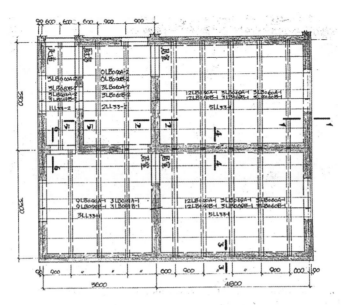

预制平板预制小梁楼盖布置图

说明:

跨度1200的厨房、走道平板亦可换用 LB₁.₂₀A 及 LB₁.₂₀B

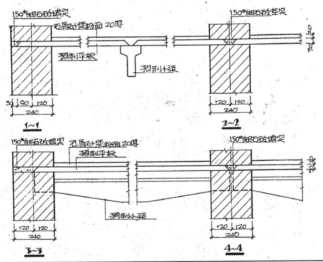

二汽居住建筑 通用图集	05	绘制单位：建筑工程部中南工业建筑设计院第三设计室			
		项目名称：二汽	预制平板 预制小梁楼盖	设计号	
				图别	
				图号	3A-1
				日期	1967.10

图 4-32　预制平板、预制小梁盖楼

（图片来源：湖北工建提供、曹筱袤整理）

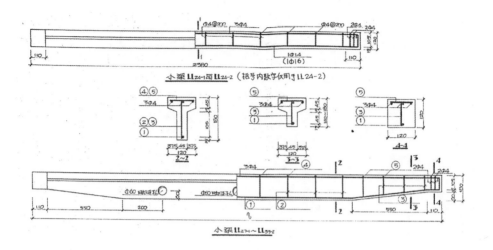

小梁 LL24-1与LL24-2 (括号内数字仅用于 LL24-2)

小梁 LL27~LL33-2

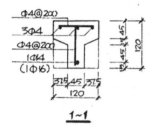

1~1

說 明:

V. 图中小梁 LL27~LL33-2 所示之脚手孔，仅用于现捣平板预制小梁楼盖内。在预制平板预制小梁楼盖中预制小梁不用留脚手孔。

描件型号	描件长度 ℓ	①		②		③	④		⑤	
		钢筋	每根长	钢筋	每根长	钢筋	钢筋	每根长	钢筋	每根长
LL27-1	2680	1Φ12	2960	8Φ4	90	Φ4@200	8Φ4	90	Φ4@200	90
LL27-2	2680	1Φ14	3000	8Φ4	90	Φ4@150	8Φ4	90	Φ4@150	90
LL30-1	2980	1Φ14	3300	9Φ4	90	Φ4@200	9Φ4	90	Φ4@200	90
LL30-2	2980	1Φ14	3300	9Φ4	90	Φ4@100	9Φ4	90	Φ4@100	90
LL33-1	3280	1Φ14	3600	11Φ4	90	Φ4@150	11Φ4	90	Φ4@150	90
LL33-2	3280	1Φ16	3600	11Φ4	90	Φ4@100	11Φ4	90	Φ4@100	90

二汽居住建筑通用图集	06	绘制单位：建筑工程部中南工业建筑设计院第三设计室			
		项目名称：二汽	预制平板小梁	设计号	
				图别	
				图号	3A-3
				日期	1967.10

图 4-33　预制平板小梁

（图片来源：湖北工建提供、曹筱衮整理）

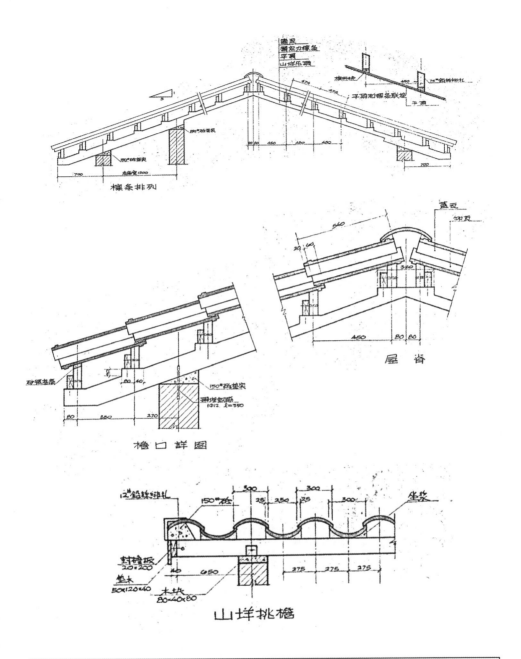

二汽居住建筑 通用图集	07	绘制单位：建筑工程部中南工业建筑设计院第三设计室		
		项目名称：二汽　预应力檩条屋盖	设计号	
			图别	
			图号	2C-1
			日期	1967.10

图 4-34　预应力檩条屋盖

（图片来源：湖北工建提供、曹筱袤整理）

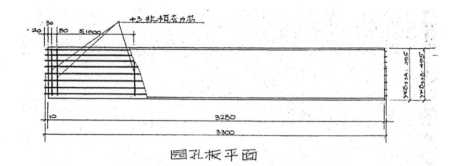

园孔板平面

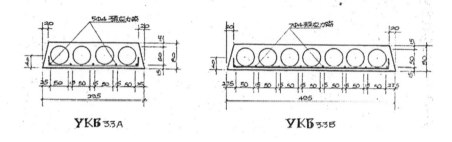

YKB 33A   YKB 33B

说　明：

1. 园孔板长度不超过 3300，小于 3300 的板，断面和受力配筋不变。

2. 园孔板系按使用荷载 200kg/㎡ × 1.4 + 粉面 50kg/㎡ × 1.1 设计。

3. 运筑物如在山坡运输困难时，宜采用 YKB A，适当配用 YKB B，YKB A 自重为 122kg，YKB B 自重为 200kg。

4. 园孔板在运输或堆放时，必须正面平放，不可侧放，更不可倒放运输。

5. 园孔板宜用长线法叠合生产。

二汽居住建筑通用图集	08	绘制单位：建筑工程部中南工业建筑设计院第三设计室		
		项目名称：二汽	预应力圆孔板楼盖	设计号
				图别
				图号　3C-1
				日期　1967.10

图 4-35　预应力圆孔板楼盖

（图片来源：湖北工建提供、曹筱袤整理）

第五章

施工技术
传承与创新

5.1 概述

三线建设时期的施工技术创新与发展是我国建筑工业化思想的早期尝试。在20世纪60年代，我国在经济窘迫的局面下同时需要面对复杂的国际局势，中央提出"三线建设"以及"多快好省"的建设要求。"102"建设者们在巨大的建设量、紧迫的建设时间和有限的资金投入的背景下，为了更快、更好地完成建设任务，不断在技术与材料上进行创新与本土化发展。干打垒技术的材料创新体现了"因地制宜"的原则；预制装配技术与联合加工厂的兴建完善和规范了预制件技术；吊装技术解决了当时一个又一个看似不可能完成的大型吊装任务；其他技术创新如滑模、沉井、涂装爆破、大板建筑等，在不同建设工程中分别起到了极其重要的作用。除了技术的创新，这一时期的"102"工人工作积极性极高，充分发挥聪明才智提高现场作业效率。这些技术革新与本土化发展，体现了建设者们在"一穷二白"的国情和营建条件下承续提升传统技术，学习改良外来技术，通过技术创新提高建造效率，在时间紧、任务重的情况下完成三线建设的可贵精神，留下了宝贵的精神和物质财富。

《镐锹赞》

镐，

革命的镐，

锹，

战斗的锹；

劳动人民的武器，

祖辈传下的无价宝。

挥动镐，

如雷鸣海啸，

舞动锹，

地动也山摇。

镐锹飞舞：

开出万倾丰收田；

镐锹歌唱：

万里铁路走龙蛟；

镐锹赞颂：

引来千条"龙江水"；

镐锹声中：

三线建设传捷报；

镐锹欢呼：

二汽建设似春潮。

手中的镐，

肩上的锹，

和咱共流汗，

同咱齐欢笑；

山河我们秀，

大地我们雕。

我们来到红卫山下，

为了加快二汽建设，

为了改变，

我们汽车工业落后的面貌！

······

这首《镐锹赞》于 1972 年发表在《二汽战报》上，描述了三线建设时期工人们响应号召、艰苦奋斗、实打实干的建造历程，反映出在特殊的历史环境背景下，三线建设者在一次次的摸索与实践中，突破陈规，以"多、快、好、省"为建造目标，通过创新实现了技术的发展。施工技术的创新，是"102 魂"的映射！

5.2 版筑与干打垒建筑

1964 年 1 月 26 日，毛主席在听余秋里汇报到大庆会战盖干打垒房屋时说道："喔，明白了。原来这个'干打垒'和延安时住的窑洞不是一样的。可是，这个'干打垒'也体现了延安的艰苦奋斗精神嘛。大庆人不仅自己动手丰衣足食，而且'安得广厦千万间，大庇天下寒士俱欢颜'呢"。干打垒精神，就是延安精神，就是自力更生、奋发图强、艰苦奋斗、勤俭建国的革命精神①。

干打垒通常指土筑墙，通过版筑（或夯土）工艺夯实土、砂、石等混合物，经土壤化合作用形成较高强度的墙体等构筑物。但是在三线建设时期，"干打垒"的内容已经大大超出了传统土筑墙的范围，这一时期干打垒是一类基于传统建造技术、通过快速建造思想革新后的墙体建造方法。即能够贯彻"因地制宜、就地取材、因材设计、就料施工"原则，建出质量高、成本低、适用耐久的建筑。传统民间干打垒可分为土筑干打垒、三合土墙干打垒、土坯干打垒、统砂筑墙干打垒、灰砂土干打垒五种形式（图 5-1）。

在三线建设时期的湖北十堰，数以万计的转业官兵、知识青年和民工来到荒无人烟的深山密林、荒野深沟，投身二汽建设，成为"102"的一分子，开始了从无到有的艰苦创业，如何快速建造生产生活用房成为摆在"102"建设者面前一个基本又十分严峻的问题。

干打垒的施工首先需要考虑各地区的自然条件，其中包括气候环境、地形地貌、土地性质和现有建设情况等。其次，由于干打垒需要就地取材：做到当地有什么材料就用什么材料，什么材料容易取得就用什么材料。靠近山区就优先用土石，靠近工厂就优先用废渣，尽量避免远距离运输材料，避免材料浪费。当充分了解当地施工条件并找到设施的建造材料，根据不同的材料，采用不同的设计方案和施工方法，做到"小材大用、好材精用、缺材代用、废材利用"。

干打垒最大的优势就是所采用的原材料，取之于土地的土、沙、碎石、草筋，或是废弃的砖瓦残片等，都可以就地取材，作为一种技术门槛较低、造价低廉的传统建造技术，干打垒非常符合当时"多快好省"的建造原则，具有被

---

① 该部分文字内容根据《建筑学报》中 1966 年关于"干打垒"精神大讨论的 6 篇文章内容整理：

[1] 民用建筑实行"干打垒"是设计工作中的一场革命 [J]．建筑学报，1966（02）：20-22.

[2] 贯彻"干打垒"精神，降低非生产性建筑造价——住宅、宿舍设计汇编 [J]．建筑学报，1966（03）：2-13.

[3] 徐尚志，阮长善．集体宿舍设计中如何贯彻"干打垒"精神 [J]．建筑学报，1966（Z1）：69-71.

[4] 发扬延安作风 贯彻大庆"干打垒"精神——《设计思想笔谈会》之二 [J]．建筑学报，1966（Z1）：58-59.

[5] 建筑工程部建筑标准设计研究所住宅调查组．对贯彻大庆"干打垒"精神搞好住宅设计的几点体会 [J]．建筑学报，1966（Z1）：43-44＋52.

[6] 把"干打垒"精神贯彻到住宅设计中去 [J]．建筑学报，1966（Z1）：40-42.

土筑干打垒

三合土墙干打垒

土坯干打垒

统砂筑墙干打垒

图 5-1　传统干打垒做法实例图

（图片来源：陈博拍摄、整理）

改良适应不同地区和不同需求的建造技术潜力。然而传统干打垒做法并没有标准化、统一化的施工准则，往往存在许多构造不合理的做法，例如，大多数房屋没有基础，易受地下水侵蚀；室内地坪为素土夯实，不利于防滑、防潮；墙身内外向上收缩导致后期维修量大，费工、费时等。这些问题要求干打垒技术必须经过改进才能大面积运用于三线建设中。因此，"102"建设者在不断的实践中总结了相应的建造技术，形成标准化的施工建造体系（图 5-2），进而大量而广泛地应用于湖北三线建设中。

1. 干打垒技术的标准化改造

不同地区干打垒使用的建造材料各不相同，但为了能够加快建造速度，"102"工人们在施工与建造过程中逐渐总结经验并采用较为统一的模式进行建造与施工。因此，干打垒建筑在适应本土化的过程中形成了一套标准化建造方式与体系，主要分为湿砌与干砌两大类。

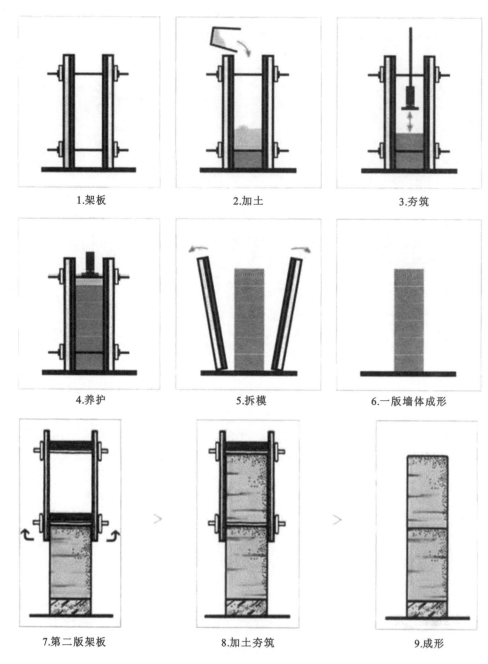

1.架板   2.加土   3.夯筑

4.养护   5.拆模   6.一版墙体成形

7.第二版架板   8.加土夯筑   9.成形

图 5-2　干打垒技术施工流程图

（图片来源：陈博绘制）

良匠开物——湖北工建"102"时期三线建设工程实录

（1）湿砌的运用

乱毛石成形砌块，以乱毛石为主要材料，辅以青砖和水泥砂浆，其具体做法为，钢模板架设完成后，将大块毛石填满模板内部，缝隙则用小碎石填满，然后向模板内浇筑水泥砂浆。这种做法类似于现代的现浇做法，其优点为施工速度较快，且对材料和施工水平要求较低。

（2）干砌的运用

① 干垒石墙。

干垒石墙干打垒在山区建厂的厂区内较为常见。因为其对石料的要求较高，需要分层较好、较规格的岩石，具体做法为将规则的石块大小进行搭配砌筑，每层上下 50 厘米放置与墙厚等宽的通石，双面挂线，逐层往上干垒，缝隙用小石块垫稳，不用砂浆。这种做法的优点在于不用砂浆便可直接砌筑，方便操作。

② 土墙夯筑。

用干打垒夯筑土墙必须密实，每板墙应分三至五层夯实。最多一次倒土 15～20 厘米，夯实成 9～12 厘米厚。夯实先掩边（模板边），墙身每板的接头处、上下板搭接的接头处，应错开不少于 50 厘米，横板与纵墙接头处、上下板搭接也要错开。土墙夯筑每天以不超过三板为宜（根据模板而定，约 1 米左右）。用土的含水量以用手握紧后，摔在地上自然松散即可。夯土墙取环切试验，强度可达每平方厘米 15 千克左右，若用灰土则可达到每平方厘米 20 千克左右（石灰 1∶黄土 10）[①]。

在当时施工条件与施工材料的限制下，"102"建设者对干打垒技术工序和用料的标准化，是向着工业化建造探索的重要实例与代表性技术。干打垒除了建造方式的标准化外，在建造材料上也有所创新与改进。与其说是创新，不如说是建造材料的本土化发展，即"就料施工"，有采用不同形态的石块作为骨料的干打垒，也有以煤渣、石灰石、灰土等作为骨料的干打垒。

（1）以石材作为骨料的干打垒

以石材作为骨料的干打垒主要有三种砌筑方式，分别是使用片石的干插缝砌法，使用毛石的平砌乱毛石砌法以及使用乱毛石的乱搓石组砌法，具体做法如下所示。

① 使用片石的干插缝砌法。

干插缝干打垒做法较为简单，直接用片石干垒到顶，这种做法造价较低，

<hr>

① 陈博. 鄂豫湘西部地区三线建设遗存的建造技艺研究［D］. 武汉：华中科技大学，2019.

但是施工难度较高，需要经验丰富的工匠才能完成。

②　使用毛石的平砌乱毛石砌法。

平砌乱毛石要求将开采的乱毛石先进行凿边处理，大面朝上，水平分层用水泥砂浆砌筑。砌筑时可将大小石块相互组合，尽量达到相互之间没有空隙。水平方向只需将石块平放，垂直方向要求错缝，以达到墙体稳固的效果。这种做法对材料的规格要求不高，可根据实际情况任意组合，且施工速度较快，工期较短。

③　使用乱毛石的乱槎石组砌法。

乱槎石组砌法，以不凿边的乱毛石、钢筋和混凝土为主要材料。施工时将开采下来的乱毛石不用凿边作面，直接搓砌，水平垂直都不求缝隙平直，石块也不求平放，根据毛石形状看好搓口，大面朝外，斜放式卧插，里外石块相互搭接，上下石块大小错开，垂直或水平方向每隔 1.5 米，加拉通石或"Z"形钢筋一道。这种做法对石料的要求不高，不用凿边，直接砌筑，工艺简单，成形后的灰缝自然美观，能形成冰裂纹路。

（2）以渣土作为骨料的干打垒

以渣土作为骨料的干打垒根据骨料不同也可分为三类，分别是使用煤渣的工业废料干打垒，使用石灰石的糊豆渣墙以及使用灰土的干打垒，具体的建造方式如下所示。

①　使用煤渣的工业废料干打垒。

在某些特殊的地区，在缺土的情况下，就地取材，利用工业废料，经过"102"工人反复研究和试验，成功地摸索出一套"工业废渣干打垒"的做法。这种墙体以炉渣、粉煤灰和电石渣为材料，以一定的比例搅拌后在模板内振捣而成。这种墙体重量轻、整体性强，且抗震保温，隔音性能较好，同时具有节约材料、施工简便等优点。

这种干打垒与三合土干打垒的不同之处在于，前者更类似于混凝土，其中的炉渣起骨料作用，粉煤灰是胶合填充料，石渣类似水泥，通过胶合化学作用凝结。因此，应该用振捣混凝土的办法来促进三者的内部发生变化。经改用插入式振捣法，结果三者粘合为一体，强度大幅度增高，28 天强度达到每平方厘米 20～22 千克。

②　使用石灰石的糊豆渣墙。

"糊豆渣"是鄂西地区居民从生活实践中创造出来的一种砌筑结构的形象叫法，它以炉渣、石灰和黄泥三料结合拌为泥浆，并选石料加工，砌成墙体，再用水泥、砂浆勾缝，以确保工程质量。

糊豆渣墙干打垒常见于鄂西地区石料质量不高的地区，其主要材料为石灰石或卵石，以及由石灰、煤灰和黄泥拌和而成的砂浆，基础部分的砂浆的配合比为石灰∶煤灰∶黄泥为1∶1∶4，楼房底层墙体为1∶1∶2，楼层为1∶1∶3。具体做法为根据墙厚架设好模板，外墙一般厚33～40厘米，内墙一般为24厘米厚，将石灰石和卵石以及砂浆混合灌入模板内。这种墙体成形以后具有很高的稳定性和强度，且隔热、隔音等物理性能良好。但是在独立柱、房屋转角处，以及承托大梁的柱需要另用砖砌。

③ 使用灰土的干打垒。

灰土干打垒和民间打土墙有很大区别，施工过程如下：第一步，采用3∶7比例掺混灰土，即按施工墙体体积比，白灰三份、素土七份拌合而成；第二步，素土必须是没有杂质的黏土或亚黏土，而且必须过筛，素土颗粒等于或小于2厘米；第三步，白灰必须用水闷不少于7天，过筛后颗粒等于或小于0.5厘米；第四步，用木斗计量，拌合后干湿度以手握成团，落地开花为宜；第五步，用厚板做木模，灰土在内虚铺厚度为15厘米；第六步，用木夯夯实，后改用竖式小汽夯；第七步，为防止裂缝，在土墙内加了竹片。由此可见三线建设时期干打垒对施工工艺和质量的重视（图5-3）。

2. 施工过程和工具的标准化

伴随干打垒建筑建造方式标准化，出现了建造工具的模数化以及建造过程的标准化。这要求建造"102"的工人们更进一步地在施工实践中配合建造工具总结出标准化施工方式，真正做到"多、快、好、省"。

以三合土夯筑的干打垒建造过程为例，主要工具为木模板、木夹板、双头木夯及木拍子四件。施工开始前，先将模板夹在基础的两皮砖上，墙的厚度按设计而定，一般不少于24厘米宽。两块木模为一副，长为2米，高约45厘米，用5厘米的松木做成。一副模板有两个硬木夹子，将模板夹住后即可向模板内放土，每层放土厚度控制在15厘米以内，用特制的木夯夯实。一副模板需两个木夯，两人同时反复作业，夯实三遍。一层夯实完，应于模内铺上两根通长的竹竿或竹片，然后继续分层夯实，待土墙与模板夯平时，即可卸木夹子，将模板向前移动，继续重复前面的步骤。当底圈第一板高度完成后，即可开始第二板高度作业。根据建筑物的长度，可划分为几个施工段，一副模板的使用长度以10米为宜。当土墙高达1米后，内、外墙应同时用木拍拍打。拍打时用力应均匀，对接搓及凸凹不平处加些细土拍实，外墙拍打应用水泥土，增加墙面的防水性能。

乱搓石组砌法干打垒

三合土墙干打垒

乱毛石成形砌块干打垒

糊豆渣墙干打垒

干插缝

工业废料干打垒

图 5-3　三线时期鄂西地区改进的干打垒做法

（图片来源：陈博拍摄、整理）

　　开始的干打垒建筑都是三层的，后来出现了四层的，五层较少。三线建设时期干打垒建筑用的是预制梁与槽型楼板，每道墙角结合处均用竹筋，即 $\phi 20$ 毫米内的细竹子，弯成 90 度角，每 300 毫米土层上用一层竹筋，竹子的数量不是越多越好，而是以竹子粗细不影响上下土层的结合为准。土质为红黏土掺加少量石灰来达到三合土标准，每 300 毫米夯实一层，土模固定（图 5-4）。一开始为手工夯，后来有了气动夯，建造速度提升了不少。

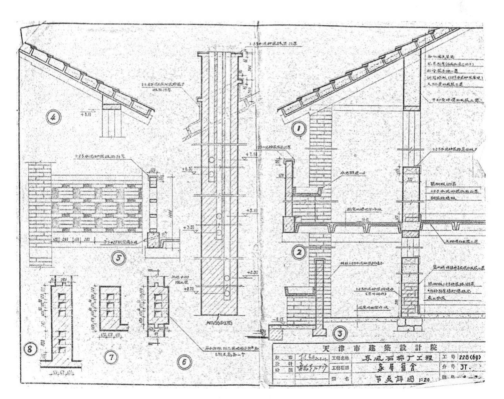

图 5-4 东风石棉厂干打垒宿舍图纸

（图片来源：湖北工建档案室）

干打垒建筑施工过程可以总结为下挖地基、立柱浇桩、搭设房梁、铺设屋面、砌筑墙体与门窗安装，其中砌筑墙体这一步便为俗称的干打垒步骤，是建造的最后一步也是最关键的一步，决定了建筑整体质量与承重性能，具体标准化施工以石块砌筑干打垒建造过程为例展开。

第一步是下挖地基，立柱浇桩。在专业技术人员的指导下，现场作业工人挖好每一个房柱的方形基坑，灌注水泥砂浆找平，待砂浆凝固后，拉白线测量各个基坑是否在同一水平线并用水泥找补齐平。待基坑符合要求后便开始立柱，所有水泥立柱都靠人工作业立起来，然后用梯子撑住顶部，将水泥柱顶起来扶正。就位时在柱子下面系上麻绳，两面同时使劲，将柱子抬起来放入基坑，校正垂直度后，灌满水泥砂浆固定立柱。

第二步是搭设房梁。立好柱子就开始上房架和水泥房梁。在安装房架时立起"抱杆（一种土法吊装工具）"，穿上滑轮和粗麻绳，用麻绳系好房架后，挂在抱杆的钩子上，然后用力拉，将房梁的两端放入柱子顶部"Y"形槽内。固定好后，才能移动抱杆，再开始下一根房梁的吊装工作。三线建设时期就是通过这样简易的土方法，将一榀榀的房架和一根根的房梁架设在立柱之上。

第三步是铺设屋面。屋面铺设工作就是在房梁上钉木檩条、铺油毡，其上加盖石棉瓦。这项工作相对来说比较轻松和容易，工人的体力与作业强度在这一阶段得到一定的调整。

最后一步是砌筑墙体，安装门窗。完成前面步骤后，根据承重需求与具体建造要求，用石头垒的石墙做墙体，常见石墙宽度约为50厘米。在墙体垒建前，因石头有大有小且形状不规整，先要将大石头砸成能用的石块，这项工作非常耗费体力，"102"工人作业时用铁锤工作一段时间就需要适当休息以恢复体力。但时间越长速度越慢，当时并没有其他办法，只能这样靠人力、拼耐力去锤打。在艰难砌完石头墙后，再安装各间房子的门框与窗框。

作为一种建造技艺，干打垒在这一时期得到了传承和发展，从最开始的以生土为原料的土筑干打垒逐渐发展为以土料、石材、工业废渣等为原料的各类做法，在建设的过程中发挥了极大的作用。同时，作为一种形式之源，对今天的现代夯土、石笼墙、石构等建筑做法也产生了一定的影响。干打垒作为一种原始的地域性建造技术，逐渐发展成为今天的现代夯土建筑，衍生出了许多改良做法，这些做法克服了原始技术的缺陷，结合实际情况进行优化，成为现代最具表现力和文化差异性的建造技术之一。尽管干打垒一度退出历史的舞台，曾远去如今又归来，但它是一个时代的见证，甚至化作了超越物质本身的存在。干打垒不会因为历史的发展而消失或被遗忘，它在中国建筑史上成就了一代人的事业，是一段历史，留下了记忆，更是一种创造、一种精神。

5.3 预制装配与"大板"建筑

"大板"建筑即装配式大型板材建筑，是一种基于建筑工业化形成的建筑体系。"大板"建筑所采用的预制墙板、楼板等结构构件全部或者部分按照机械生产的模式在预制厂进行批量生产，并在施工现场通过大型起吊设备拼装完成。作为"体系建筑"中的代表类型，"大板"建筑以及相关技术在第二次世界大战以后逐渐成熟，并在1960年以后被愈加频繁地使用。由于预制构件由工厂生产，部分摆脱了自然环境对室外施工的影响。伴随着社会工业化水平的提高，预制件生产和吊装相关技术得到了相应的提升，从而提高了建筑生产的效率，加速了生产工厂化、吊装机械化、建筑装配化的历史进程。

"大板"建筑将装配板材分为内墙板和外墙板两种。在预制内墙板时，通常将各类管道预埋在墙板中，或集合在一起作为特殊装置与墙体浇灌为一体，成为内墙的一部分。"大板"建筑所使用的墙板根据用途不同，墙体的材料和构造方式也会产生差异。在20世纪60年代"大板"建筑刚刚在国内兴起时，普遍采用以下几种墙板。

① 振动砖板墙，主要由黏土砖、砂浆与混凝土浇筑而成，一般为承重内墙。

② 单一材料墙板，一般采用普通混凝土，分为实心墙板和空心墙板两种，其用途广泛、制作简单，可用于住宅、学校等的自承重外墙，也可用于承重内墙。

③ 复合材料墙板，一般分为三层，包括外壁、内壁和中间保温层，适用于高层建筑的外墙。一般规格为3.7～5.8米，即1至2个开间大小，平均重量在3～5吨，其外壁是非承重保护层，一般是一层较薄的混凝土，绝缘保温层一般为泡沫聚苯乙烯，具体厚度依各地气温而定，内壁一般为混凝土，承重的内壁厚度在12～18厘米，非承重墙的内部除了混凝土板，另外还有石膏板、轻骨料混凝土板等，保温性能良好。

"大板"建筑的构件均从工厂预制而成，只需在现场装配即可，与传统的砖混结构建筑施工相比，减少了备料、砌筑、养护等大部分现场湿作业。因此节点构造是"大板"建筑构造中至关重要的部分，它关系到房屋的整体刚度。在建造的过程中，横向与竖向的板材必须相互作用形成整体，才能共同受力，发挥各自的结构特性。因此竖缝连接构造和水平接缝构造尤其重要，对于纵横墙板交界处的竖向连接，一般按照房间进深决定，具体做法为：将承重横墙的墙板插入纵墙 20 毫米，相接的墙板均预留 2 根 $\phi6$ 或 $\phi8$ 的钢筋，且均相互焊接后，现浇混凝土形成整体。对于水平接缝的处理，除了用水泥砂浆现浇之外，还应具有相互焊接的吊钩或预埋件，从而达到抗剪的效果，相似的做法可运用于楼板与墙板、楼板与楼板、墙板与基础之间的节点构造。在其他交接的节点，如楼梯、梯段与休息平台、墙板，也需要预留钢筋。对于常见的接缝抗渗漏的构造方法有三种：一是用嵌缝膏密封，二是构件边缘具有特殊的形状，三是用弹性材料密封与防水材料相结合。

在三线建设过程，"102"建设者运用智慧与双手不断实践、改良、创新，在一次次建造过程中总结经验，完成三线建设的目标（图 5-5）。在时间紧迫、建设任务重的背景下运用土洋结合的技术创新，既满足多数工人快速学习和掌握建造技术的要求，同时也更加适应了建设地的条件，因地制宜，就地取材，节约了建设成本、运输成本与时间成本，在保证建设质量的前提下提高建设效率。当然，在快速建造时期与快速发展工业化的道路上，过于追求建设速度难免会在建筑质量上有所"忽视"，需要反思当时建造过程中实际存在的问题，如建筑使用年限较短，建筑质量状况不稳定等。

图 5-5　"102"完成生产和安装的预制件阳台

（图片来源：湖北工建提供）

5.4 预制吊装与联合加工厂

1. 预制吊装

在这一特殊建造时期，为了工程的快速与高效完成，以厂房为主的大跨度建筑采用了装配式建筑的方法，由此产生大量的吊装工作。但是，由于国际局势严峻，国外对中国进行技术封锁，大型的吊机不能购买，现有履带式起重机13米的臂杆吊装重量达到20吨的已属大型吊机，起重量达到25吨的非常少。在缺乏设备、作业艰难的情况下，"102"机运团吊装营的工人们，发挥自己的智慧与专业才能，利用现有设备，解决了一个又一个的技术难题，完成了一次次建筑吊装作业。

在这些吊装技术的配合下，"102"吊装工人们才得以完成许多在当时看似"不可能"完成的艰巨建造任务，这些技术充分反映了临场应变，在实践中发展和创新的能力，既是他们的集体智慧与努力的结果，也是三线时期建造技术不断向工业化与现代化迈进的体现。

联合加工厂是由砼构件制作、木材加工制作、机械加工制作、钢结构加工制作、铁路轨枕制作等制作工艺联合在一块的加工厂。三线建设时期，为满足国家基本建设和工程建设的需要，工厂的人员设备、工艺也随之调整改进。

由于预制结构方便快捷、省力省时、不浪费，能集中供料、集中生产、统一供货、技术上统一应用，管理上统一指挥，在这一时期，工业建筑和民用建筑均大量采用预制结构。联合加工厂按照建筑设计院图纸生产预制构件，紧接着按照进度进行运输吊装，有些基础和个别柱子在现场制作。凡是砼预制构件、大小梁柱，各种楼板、门窗、机械加工制作、维修等任务都由联合加工厂承担。联合加工厂有条件建蒸汽坑、锅炉房、堆放场地和铁路专线等，工地上甚至可做到只管砌墙、吊装和抹灰装修。

联合加工厂的最大作用是保障建筑预制件工业化生产，通过技术更新和技术攻关，进一步提高了生产率。在20世纪六七十年代，"102"下属的联合加工厂率先研究出钢筋混凝土预应力张拉控制法，既节约了材料，又保证了质量，还大大提高了功效。这项技术被运用于大型居民板、空心板、桁架梁、筛板梁、吊车梁以及批量生产的预应力轨枕生产，并在全国进行了推广（图5-6、图5-7）。

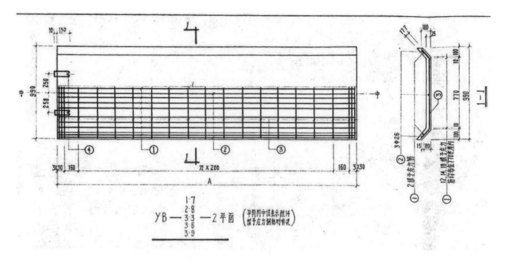

图 5-6　红甲屋盖预制件：预应力槽板详图（1969 年）

（图片来源：湖北工建提供）

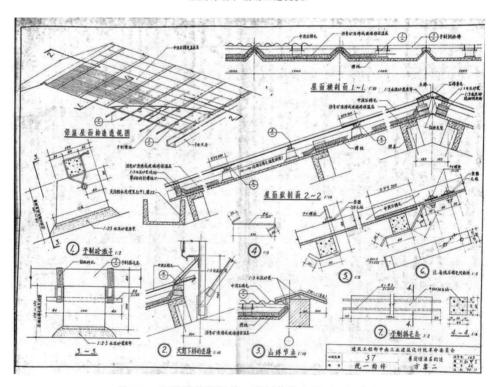

图 5-7　红甲屋盖预制件：预制节点大样（1969 年）

（图片来源：湖北工建提供）

2. 土模技术的创新与运用

二汽建设的主体建筑为工业厂房，根据厂房建设特性需要扩大预制、提前预制。而在建设初期，山沟里还没有建大型砼预制厂，大型运输工具也很难开进工地，所以制作大型构件只能自力更生。"102"土建团工人们运用土模工艺（地模工艺）技术创造性地解决问题。通过拼装拆卸木模板，绑扎钢筋、浇筑混凝土，制作工艺稍有不慎就很容易破坏。随着二汽厂房主体结构的完成，土模施工工艺也相继停止使用。土模后来发展成砖模，也就是构件底板不用木材，而用砖砌或直接用水泥砂浆做底模，从而可以节省不少木材。

在钢铁贵如金、木材供应受限，同时缺乏有效的运输方式的情况下，建设所需的大型构件只能在工地现场浇筑。铸铁、铸钢、锻造这类厂房钢筋混凝土柱梁种类繁多、体积庞大。在混凝土施工中，首先要解决的就是模板问题，在那个物资匮乏的年代，勤劳智慧的"102"人研制出了土模来解决这些棘手的问题。

土模的具体制作方法分为这几个主要步骤：首先，计算建筑物具体构件尺寸以及形状数量，并根据统计制造出一套或者几套方便拼装与拆卸的预制木板；其次，根据现场施工具体要求与位置，对场地进行平整以及挖土放线等步骤；再次，便是进行预制木板的拼装，并填土夯实；最后便是待夯土成形，拆除模具并对其进行加固、干燥、隔离等步骤（图 5-8、图 5-9）。至此土模便完成了。

图 5-8　一公司预制厂生产线

（图片来源：湖北工建提供）

图 5-9　一公司预制厂生产线

（图片来源：湖北工建提供）

5.5　其他技术与应用

1. 滑模工程技术的应用

滑模施工工艺在国内始于 20 世纪 40 年代，广泛应用于钢筋混凝土的筒壁结构、框架结构、墙板结构。对于高耸筒壁结构和高层建筑的施工，效果尤为显著。三线建设时期多应用于烟囱、矿井、仓壁等工程施工。

滑模施工之前，首先要对基本构件进行组装，以作为前期准备工作，而构建组装应该在基础底板混凝土达到一定强度后进行。首先应该在组装前清理现场，设置运输通道和施工用水、用电线路、理直钢筋；然后按照布置图纸的要求，在现场弹出建筑物轴线、木板、围圈、提升架、支撑杆、平台桁架等构件的中心线；同时应该设置一定数量的标高控制点；在周边环境与基底进行相应清理之后，准备测量仪器以及组装工具，并进行相应工具的现场组装、滑升等操作。在滑模组装与现场作业中需要专人操作，以保证施工现场安全。

以二汽建设中一次烟囱吊装为例，随着烟囱高度的增加，吊笼的稳定性越来越差。为保持吊笼升降过程中的稳定性，只有两个办法：提高吊笼两侧导索的张紧力或减少吊笼的载重量。

导索是穿透吊笼两侧的两根钢丝绳，相当于乘人电梯的两根导轨。不同的是电梯的导轨固定于电梯井两侧的墙壁上，是不会摆动的，而导索只有地面与空中两点固定，中间是摇晃的。每次提升模板时，必须放松导索的下部固定点，操作平台的提升会带动导索加长。提升完毕后仍需绷紧导索，之后才能运转吊笼。烟囱上安排有专人负责这项工作。据中南电力设计院设计烟囱的陈丽珉工程师介绍，烟囱的设计高度之所以选择 180 米，比附近最高的山峰还要高不少，就是为了使电厂的烟尘能扩散到更远处。为了保证安全，在 60 米以上不再增加导索的张紧力，因此就必须减少吊笼的载重量。施工开始后的安全问题是工人最关心的，因此参与施工的人员都是经过严格挑选的。经过平台试压、试滑，到正式滑升，吊装工人渐渐明白烟囱施工并没有那么可怕，只要严格按照规程来施工，安全就在自己的"掌控"之中。

2. 沉井技术的应用

在二汽建设工程中，"沉井施工"属于一项比较新颖的技术，工期长、工艺复杂，常见于水下桥墩施工中，或在大开挖无法进行的情况下使用。施工过程为将钢沉箱在水面上定位，使沉箱依靠自重向下沉至水底，并穿过淤泥，到达基底，然后用抽水机抽去箱中的水并清理淤泥。之后在箱内沿钢板内侧继续挖土，通过在沉井上部加荷载，使沉井到达设计指定深度。

车厢厂辊压车间储料坑的建造采用了沉井技术施工。储料坑的位置特殊，且为深基础，结合车间柱子的基础底标高和基础边距等条件，若采用大开挖施工方式，会给施工带来风险，可能会造成柱子基础或其他设备基础的下沉，甚至影响厂房结构的安全。另外，储料坑设在辊压车间内，大开挖方式需占用大块地面，可能需要拆除原有部分基础，或使部分设备因基础施工而无法正常使用。

沉井技术的具体技术流程主要分为以下几个步骤：第一步是土方的开挖与找平，一般将土方开挖至底下水位线以上 200mm，铺设一层粗沙，用铁叉带水夯实找平，铺设道木，再夯实找平；第二步是实施预制沉井，并抽道木；第三步是挖沙、挖土下沉，在此过程中沉井会依靠自重下沉至土层表面，继续均衡挖土直到沉井不能依靠自重下沉为止；第四步，浇灌沉井上部混凝土，并继续增加下沉质量，必要时可以增加外部荷载辅助下沉，直到下沉至设计标高。沉井在下沉过程中，始终需要做好降水、测定沉井的位移与倾斜及随时测量柱子基础沉降情况等。

封井是整个沉井施工的关键与决定性环节。首先，在沉井内底及四周铺设放射形与环形结合的卵石盲沟，将地下水引至沉井内的降水井。盲沟上覆盖铁板，加深降水井并置入预制加工的法兰管井，管井四周填充卵石，与四周卵石盲沟相连，形成过水通道。然后浇灌储料坑混凝土垫层、底板及四壁，通过管井持续抽水，直到混凝土终凝。当混凝土强度达到设计强度，且水位下降的速度大于地下水上升的速度时，可按照施工程序进行封底。即以最快速度封住井口，确保地下水不再冒出，在盖板上浇灌干硬性混凝土并找平。

3. 土桩爆破技术的应用

相较沉井技术，土桩爆破技术也是当时的先进技术，使用的机械简单，现场施工方便，成本也低，却能较大地提升基桩的承载能力，但对施工人员的要求比较高。顾名思义，爆扩桩是一种现浇的钢筋混凝土灌注桩，通过爆破，将桩底的承压面积扩大，从而加强基桩的承载能力。

土桩爆破具体操作的技术流程分为以下几个步骤：第一步是用螺旋钻机进行钻孔，并在钻到设计深度后提起钻机，测量孔深度和孔径，算出孔底高程；第二步是炸药、雷管的排放，在此过程中需要保护好引线；第三步是引爆步骤，在引爆之后将桩孔里混凝土下沉后再进行振捣与测量步骤。

在施工中，药包的药量、雷管在药包中的位置、药包在桩孔中的位置、桩孔土壁的稳定性、地下土层的含水情况等都会对成桩的质量产生影响。在现场挖开已经成型的桩，测量孔底大头的尺寸，以此验证事先的计算结果，然后修正包扎的药量等参数。

1973年，湖北工建在十堰火车站和50厂多栋宿舍楼及其他工程的施工中都采用了爆扩桩基础。炸药包的包扎松紧，雷管及电线的放置都是个技术活，一开始谁都没干过。由于爆扩桩在当时还是新技术，技术部门专门在施工火车站的爆扩桩基础时制定了《十堰火车站爆扩桩试验方案》。

4. 便道横移施工法的应用

神定河一号、二号铁路桥吊装工程是二汽建设过程中智慧比拼的战场。这座桥整体是3榀相连的，吊车支点只能处在河边，无论是吊臂的高度还是起重能力都达不到施工要求。没有架桥机，吊车又吊不动，几十吨重的桥梁如何能放到距地面10余米高的桥墩上？工程技术人员寝食难安，经过苦心钻研和吊装工人献计献策，终于有了一个可行的方案，这就是让"102"吊装营的工人自豪了几十年、曾作为经验在国家建筑工程部所属企业中进行推介交流的"便道横移施工法"。参加吊桥梁的人们当时可能并不熟悉埃及的金字塔，并不了解在没有机械设备的情况下，这个世界奇迹是怎么造就的，如果知道"便道横移施工法"竟与几千年前建造金字塔的手段十分接近，他们更是自豪和骄傲。

"便道横移施工法"的具体方案：首先是土方施工，用挖土机、推土机、翻斗车将土石运来进行大面积堆积，其高度应与装运桥梁的火车平板车底板和桥墩水平基本持平，然后通过夯实道砟基础、铺设枕木、装上铁轨形成一条"便道"；接着在桥梁运来方向的铁路线上加装铁道道岔，使便道铁轨与其铁轨相连，当火车将装运桥梁的车皮顶上便道时（此时便道与桥墩所在铁道中心线夹角距离还有近 20 米），再行铺设道木、架设纵向钢轨直达桥墩，桥梁就位前在其底部大量涂抹润滑油，用千斤顶将其从火车平板车上顶起；最后，车皮退出后把桥梁落到纵向铁轨上，再用大功率卷扬机将桥梁一点点"横移"安放到桥墩上，如此完成 3 樘 6 片桥梁的吊装任务。

为了加快二汽建设，"102"工人研制的土模，是典型的因地制宜的典范，联合加工厂对技术的追求与突破也为建设速度的加快做出了重要探索。承担一系列重大桥梁以及厂房吊装任务的工人们用他们的经验与才智，解决了一个又一个的吊装难题。利用集体的智慧，在有限的施工条件下保质保量的快速完成建设任务，这也是"102"建设者被广为称道的优秀品质。

本章节对于干打垒、预制装配的部分技术描述是在陈博《鄂豫湘西部地区三线建设遗存的建造技艺研究》与万涛《鄂西北地区三线建设工业遗存的空间形态研究》两篇硕士论文基础上，结合湖北工建参与过二汽建设的老员工口述访谈完成；滑模、沉井和土桩爆破技术的部分内容参考了《十堰文史［第十五辑］三线建设 · "102"卷（上）》，感谢这些学者为本书提供的宝贵资料。

第六章

施工组织动员
与工地社会

102 工程指挥部下设 7 个土建工程团、2 个安装工程团和机运团、土石方团、机械修配厂、木材加工厂、构件厂、建筑科学研究所、职工医院、材料供应处等 17 个二级单位。在"多快好省"的建设思想和庞大的建设任务要求下，"102"利用制度优势，在建设中充分开展施工组织动员，加速实现建设目标。

作为三线建设中最为重要的工程之一，二汽于 1969 年全面展开建设，建设任务艰巨又紧迫，"102"建设者为了早日完成建设，在建设条件十分有限的情况下，广泛动员，并在实践过程中不断进行组织创新。以苏联的施工组织及"大跃进"建筑业快速施工的经验教训为基础，二汽各工程处、工段迅速采取措施，通过大规模的技术革新及技术革命，发动工人讨论，保证重点，根据施工力量和材料、设备供应的可能条件进行任务安排，分项突击，将一项项建设任务转化为一场场建设"攻坚战"（图 6-1）。施工单位还在建设过程中根据建设需求，不断改进和创造建筑工具，推广使用手推车、四轮车、卷扬机，推行平行流水作业方法，提倡"放下扁担""消灭肩挑人抬"。在二汽建设的各个现场，战天斗地、你追我赶、轰轰烈烈、斗志昂扬、攻坚克险、战无不胜，到处是一片热气腾腾的景象，什么困难都不在话下。

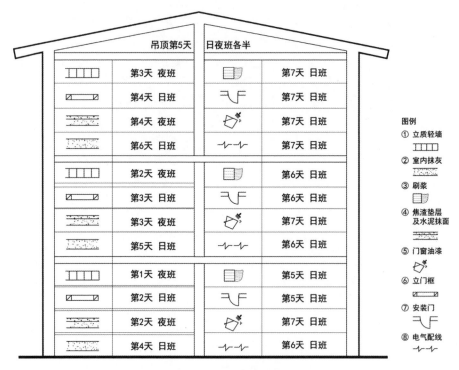

图 6-1 施工作业示意图

（图片来源：改绘自《工业化快速施工》）

二汽建设是一场紧张激烈的战斗，除了集中优势兵力外，还必须要有高度的组织性、计划性和持续应对施工过程中不断出现问题的能力。在同一个时期内十几个工种和小组同时交叉作业，要求上下工序之间相互创造条件，不得相互影响。为此，必须做出周密细致、切实可行的施工计划和组织，这个计划对"102"建设者提出了十分严格的要求。每天施工后组织的集体学习为及时发现问题、解决问题，共同进步提供了基础。在执行过程中，必须严肃坚决，不得以自由主义态度对待计划，否则将会因某一项工序没按计划完成而影响到其他工序，造成停工，最后势必影响总的工期。建设职工们从实践中总结出很多经验，如"102"建设者创造性运用"快速施工分班进度计划""土模工艺"和"地模工艺"解决提前预制问题等。各个工种紧密配合，高效率协作，完成了一场场建设大会战。

　　"102"建设者敢想敢做，主动协作，一切为了整体利益。在困难重重的三线建设中，"102"建设者不断克服种种困难，遇到问题集思广益，在技术创新方面创造了许多奇迹，如用十几天制造出两台 60 吨平板拖车[①]，创新使用双机、三机甚至是四机抬吊[②]（图 6-2）等。为了提高机械利用率和加快主体安装速度，吊装常日夜双班工作。这些技术革新和研制的设施以及群众的干劲热情成为早日建成二汽的保障。

图 6-2　"102"机运团自制的 60 吨平板拖车及二汽厂区"四机抬吊"吊装工地
（图片来源：湖北工建提供）

---

　　①　内部刊物《102 铁军之魂——湖北工建先进典型汇编》。

　　②　中国人民政治协商会议，湖北省十堰市委员会文史和学习委员会．十堰文史［第十五辑］三线建设·"102"卷（上）［M］．武汉：长江出版社，2016．

组织创新也要有良好的群众基础。工人们生产施工的积极性影响着建设的质量及进度。自下而上、干部与群众结合是"102"建设者进行二汽建设的重要思想（图6-3）。在物质条件相对匮乏、施工任务繁重的情况下，如何调动工人的生产积极性，让大家持续保持昂扬的建设热情尤为重要。二汽建设期间，在工地党支部领导及工会的宣传鼓励带动下，群众明确方向、提高觉悟、鼓足干劲、提高生产。为了鼓舞士气，强化阵地作用，生产连里定期举办宣传栏。不仅如此，还会将工人师傅们感人的事迹编写成文艺节目，由宣传队排练演出。除了鼓励宣传，还通过小组互相之间开展竞赛和小组每日自评，鼓足群众干劲。在各种建设大会战中，到处是红旗飘扬、人声鼎沸、夜以继日地干，有队伍之间公开挑战的，也有工地之间暗地较劲的。总之是你追我赶，谁也不甘落后，劳动竞赛开展得热火朝天。围绕工地生产形成别开生面的"工地社会"。

图6-3　1974年，二汽临时党委第一书记饶斌带头参加黄龙引水工程施工

（图片来源：郭迪明先生提供）

　　工地社会概念是指"共和国成立以后，大型工程在建设过程中，由于国家权力在工地上扩张、渗透与运作而形成的一种特殊的临时性的社会状态"，也是

"一种人与制度的结合体，也是国家中的社会，更是一个总体性社会中推进工业化进程与国家权利建设的非常规路径。"[1] 通过下文中技术人员、管理人员和家属等人与组织方式、活动内容与形式等可以看出三线建设开始阶段微观浓缩的生产和生活特点。

6.1 施工人员组织

二汽建设的顺利开展，离不开各方面的组织配合。102 工程指挥部调度机运团、木材加工厂、构件厂等单位与生产安装单位密切配合协作，加快建设进度。人员组织方面，在管理人员、技术人员、建筑工人、家属连等不同群体各司其职、集体协作、紧密配合下，二汽建设施工顺利开展（图 6-4）。

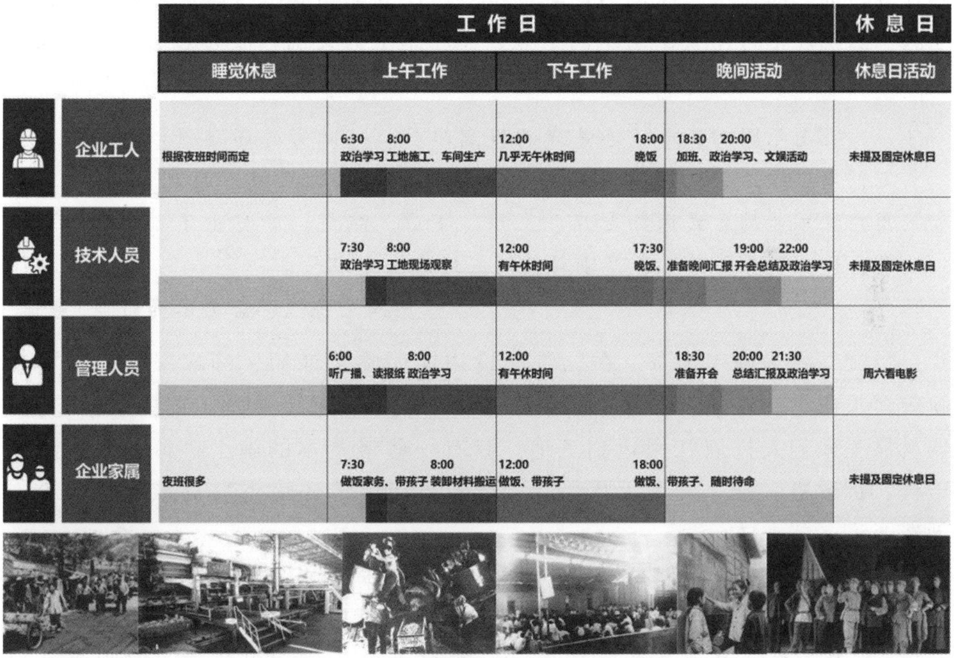

		工 作 日				休 息 日
		睡觉休息	上午工作	下午工作	晚间活动	休息日活动
企业工人		根据夜班时间而定	6:30　8:00 政治学习 工地施工、车间生产	12:00　18:00 几乎无午休时间　晚饭	18:30　20:00 加班、政治学习、文娱活动	未提及固定休息日
技术人员			7:30　8:00 政治学习 工地现场观察	12:00　17:30 有午休时间　晚饭	19:00　22:00 准备晚间汇报 开会总结及政治学习	未提及固定休息日
管理人员			6:00　8:00 听广播、读报纸 政治学习	12:00 有午休时间	18:30　20:00　21:30 准备开会　总结汇报及政治学习	周六看电影
企业家属		夜班很多	7:30　8:00 做饭家务、带孩子 装卸材料搬运	12:00 做饭、带孩子	18:00 做饭、带孩子、随时待命	未提及固定休息日

图 6-4　"102"建设者各个工种作息表

（图片来源：根据调查问卷资料整理绘制）

---

① 刘彦文. 工地社会：引洮上山水利工程的革命、集体主义与现代化 [M]. 北京：社会科学文献出版社，2018.

1. 技术工人

"102"建设者中最大的群体便是建筑工人及技术人员，作为二汽建设的主力军，施工工地便是他们常年的战地。工人集体编制如军队一样，团、营、连、排组织严密，以排为单位集中住宿。每天用广播军号的方式通知起床、上班、下班、熄灯。有严格的时间表，8点上班，18点下班，若在任务紧张时期，加班和夜班也在所难免。这是工地社会以及工厂生产"类军事化"的设置。

上班前全连按班整队集合，每个人都带着生产工具，由负责生产的连长布置当天的生产任务，并提出完成任务的数量要求，强调安全生产的重要性，然后奔赴战场——工地。到了工地以后再由每班组长安排当天的任务，职工们们马上投入各自的工作岗位。在岗位上，每个职工就像解放军战士一样对工作认真负责、一丝不苟、精益求精。除了生产任务，还有思想学习任务，那时每周一、周三及周五晚上是1小时的思想学习活动，周四是党团活动。在学习中明确任务目标，加强组织凝聚力，这也是生产任务能顺利进行的保障基础。如第三施工队十几个青年女工组织的第五哲学小组最为突出，成为公司、工程局的先进典型①。

> 五七七团四营十一连是我的报到单位。当时寄信还要冠以郧阳五
> 七信箱。团、营、连对应公司、工程处、施工队三级，编制像军队，
> 用广播军号的方式通知起床、上班、下班、熄灯，更突出了军事化色
> 彩，连队指导员清一色是刚转业的五好战士或班长。
>
> ——周金栋《那苦那乐那甜蜜》①

"102"作为施工单位，在二汽建设初期面临工期短、环境艰苦、物资紧缺等多重压力。工地上没有路，小推车、木板车、毛驴车是主要的运输工具，器材靠工人们人拉肩扛搬运到工地。只有一些最基本的施工机械，如小型挖土机、铲运机、推土机等。群众集思广益，在艰苦环境下攻克难关，各个团创造了许多新方法。

除了主力军土建团创举连连，机运团也不甘落后。机运团的工作任务不仅是运输二汽建设所需生产生活物资，还承担专业厂房、厂区铁路线桥梁的吊装、打桩、结构安装、基础工程。1970年，很多专业厂同时开工，当时很多厂房"衣服"都穿好了，就等着机运团的吊车来"戴帽"②。但在没有吊车转运专用平

---

① 中国人民政治协商会议湖北省十堰市委员会文史和学习委员会．十堰文史［第十五辑］三线建设·"102"卷（上）［M］．武汉：长江出版社，2016.

② "衣服"指厂房已立起的墙体，"戴帽"指厂房上部结构吊装。

板拖车的情况下，几十吨重的履带吊车只能以每小时几千米的速度，从一个工地"爬"往另一个工地。指挥部把建造平板拖车的任务交给机运团，机械加工和人工一起上，用十几天制造出两台 60 吨平板拖车。

在全团能工巧匠配合下，铁工连上百人昼夜奋战在工棚里，机械加工和人工抢大锤一起上，参战职工发扬"革命加拼命"的精神，同心协力，精益求精，严查每一道工序，经过 25 天奋战，终使第一台平板拖车达到试车条件，经过试用和总指挥部验收合格。后 6 台用了 3 个多月时间也全部制造完毕，并将其中 4 台交付给二汽运输部使用。

——《为"三线建设"献身的人——魏万荣》①

二汽各专业厂厂房的工程结构吊装以及专业厂之间的铁路桥吊装等是由"102"机运团吊装营承担。在当时的建设环境下，国内无法购买先进的国外大吨位起重吊机，国内生产的起重吊机达不到二汽厂房结构安装要求。面对困难，"102"建设者创新使用了双机、三机甚至是四机抬吊，加上土法助力吊装的办法。为了保证建厂进度，吊装营每月需要完成 10 万平方米的厂房结构吊装任务，吊装工人常日夜双班工作（图 6-5）。工人们加班加点，不管天气多么恶劣都坚持施工，并与其他土建单位协作配合，加快建设速度。

图 6-5 "102"建设者夜间施工及工地运送材料现场

（图片来源：湖北工建提供）

2. 管理人员

"102"的企业管理人员都是军队转业人员或是政治委员、教导员等。他们

---

① 内部刊物《102 铁军之魂——湖北工建先进典型汇编》。

曾经战斗在保卫国家和平安全的前线。现在他们转战国家建设的新战场。这些人阅历丰富、平易近人，深受广大职工拥戴。他们虽大多年长，但仍遵循军队纪律，制定有严格的作息时间表。大喇叭每天响起床号后起床洗漱，料理之后便是听广播、看新闻，为投身一天的工作做好准备。

管理人员的工作重点主要在于宣传与工作任务部署。工作任务重，要协调各管理人员之间相互合作的问题，还要将建设任务分配下去。那个时候就算工作再累，工作环境再艰苦，条件再简陋，他们也总是充满激情。每个施工队都会有一块黑板，每周都需要更换上面的内容。但那时候的传播方式不如现在便捷，工程处的广播站、宣传栏、简报、稿件等都要一字一句地写出来。或是直接用排笔蘸墨汁写在纸上，用糨糊贴在墙上，或是用草绳子串起来，高高挂起。工地上的宣传标语更新速度快，管理人员需要时常爬上脚手架更换这些标语。

工地不仅是技术工人的战场，也是管理人员的阵地。那时候干群关系紧密，管理人员会轮流参与施工，他们参加劳动几乎成为一种常态化的行动，工程处甚至还建立了管理人员下班后轮流来劳动的制度，在工地混凝土搅拌站供应后台，有的搬水泥、有的装沙子和石子、有的推车。来到工地，就立刻投入紧张且繁忙的建设施工中，办公室兼宿舍也是他们夜以继日工作、开会的地方。除此之外很难在其他地方寻觅到他们的身影，他们总是有忙不完的工作。

> 1970年初春一个雨夜，刚刚参加完一个会议，当得知五七四六厂一工地正在进行上部结构吊装，放心不下的父亲搭上运砂石的货车赶到现场。据后来工人们回忆，父亲到工地后既不听汇报也谢绝大家的劝阻，直接就顺着木梯上到了吊装作业面。帮着递工具，帮着拉小料，掏出"海河牌"香烟——给干活的工人点……忙碌的工人渐渐忘记了父亲在场，至后半夜吊装结束，等到大家想起来时，却发现浑身湿透的父亲已瘫软地趴在厂房屋面的探照灯上，还是起重工们流着眼泪把他从厂房作业面上背了下来。
>
> ——魏巍《我的父亲——魏万荣》[①]

① 中国人民政治协商会议湖北省十堰市委员会文史和学习委员会 . 十堰文史［第十五辑］三线建设·"102"卷（上）［M］. 武汉：长江出版社，2016.

不仅在工作中管理人员与职工们紧密地联系在一起，在日常生活中，管理人员与广大职工更是心连心。他们帮职工解决就业、经济、就医、住房等困难，想尽一切办法为职工们创造更好的环境，帮助有困难的职工渡过难关。为了丰富职工们的业余生活，管理人员会经常组织职工开展一些竞赛活动，文体以球类比赛为主，生产以技术比赛和突击队竞赛为主。从102工程指挥部到一线的各个营连、机关、后勤、学校，大家在比赛争夺集体荣誉的同时，还能强健体魄、加强友谊。为了充分发挥群众能动性与积极性，各单位还运用广播、贺信、喜报、插红旗、戴红花等方式表彰鼓励做出贡献的职工。节假日时还会把能说会唱的职工组织起来表演文艺节目，活跃气氛、娱乐群众，激发劳动热情。企业管理人员凭着他们特有的人格魅力和威信赢得了广大职工的信赖（图6-6），在他们的带领下，更加坚定了职工们建设三线的决心。

图6-6　湖北省第一建筑工程局领导班子
（图片来源：湖北工建提供）

3. 家属连

20世纪60年代，随着战线转移到鄂西北地区，数以万计的建设者汇聚至此，其中不乏职工家属的身影。大批量的建设者从全国各地汇聚到十堰，这对在当时仅仅只是一个山区偏僻小镇的十堰来说是个不小的挑战，首先面临的问题便是人口安置问题。一方面是人口搬迁问题，另一方面是务工人员探亲、照顾家庭的问题，这两个问题都涉及家属的搬迁以及就近居住。但是由于城市发展实在有限，无法一时之间容纳如此之多的人口，当时只能暂时将一部分随迁家属安置在距离城市不远的地方，方便职工探亲以及照顾家庭。刚来十堰时，家属住在芦席棚，芦席棚里面简单地分隔一下，住着好几户人家。随着十堰的建设与发展，随迁家属逐渐向木板房、干打垒、小平房和楼房中搬迁。

在安置问题缓解之后随之而来的诸多问题中，家属生活如何安定又成为重中之重。102工程指挥部依据毛主席"五七"指示，为解决家属就业问题，同时更好地服务于生产建设，按照湖北省委和省革命委员会的要求，把各单位职工家属组织起来，创办起"五七"工厂或是"五七"劳动连。这支"军队"从贫困的农村走出来，成员大多是30多岁到40岁出头的妇女，没有享受过什么好日子，跟随丈夫辗转南北来到这里，作为职工家属的她们继续为三线建设贡献自己的力量。

家属连是有正规管理规章制度的组织，由企业管理人员担任负责人，工钱实行单独核算。家属连的主要工作内容是建筑工地上建筑材料的装卸、运输，施工现场清理，仓库材料搬运等体力劳动。她们的工作休息时间安排也很严格，是7点30起床、洗脸并到食堂排队吃饭，8点就上工地，中午12点休息、吃饭，晚上6点下班吃饭，但是家属连的夜班是最多的，熄灯没有什么规律。因为那时家属连最多的任务是装卸材料和加工器械，所以时常需要在夜间进行，在每次施工前，她们需要将建筑材料与机械设备拉运到工地上，为后面的施工作业做准备，保证白天的施工工作能够顺利开展。

家属连的工作强度很大，建筑工人上班，家属们也跟着上班。建筑工人们到点就可以下班，但是家属连时常半夜三更都要卸料。广播经常会听见："五七连的同志们，来了一批水泥，赶快到工地卸材料"。在那时只要大喇叭一响，家属连的妇女们便放下手中事务去卸料。有时候扭伤了腰、划破了手，她们也咬紧牙关坚持搬运。在装卸的站口能看见她们的身影，在供应后台能够看见她们的身影，在仓库也能看见她们的身影……在三线建设的每一个角落都能见到她们辛勤劳动的样子。

1973年1月，二汽铸造一厂（四八厂）二车间会战。在任务重、工期紧、人员少的情况下，为确保钢窗的安装时间，她清晨五点钟就赶到工地，当其他同志8点上班时，她已经拼焊了九档钢窗，就这样她们提前三天完成了任务。赶工提前的时间，她们又去支援二营的工

作，发扬风格，不取报酬。秦秀兰同志没有节假日和星期天，春节也
是过个革命化的春节。

——潘保山《秦岭一枝秀　芷兰十堰馨》①

除装卸建材的工作之外，还有一部分家属从事建筑材料的铸造，小构件制作或是为企业提供劳务服务工作，如在小饭馆、照相馆、小五金厂、小菜场、冰棍房等地点工作。这些服务是针对生活在十堰的职工的，家属连为这些职工们提供一些日常的生活服务。家属连的本质就是为建设提供后方保障，以至于家属连的妇女们几乎涉及除了施工建设的所有工作，几乎没有休息时间，在家要做家务带孩子，在外又有繁重的工作。

职工家属的加入极大地缓解了当时建设任务所带来的巨大压力，从后方为国家建设贡献了一分力量，实现了建设后方的供给与服务保障，在建设过程中切身做到"妇女能顶半边天"的作用。尽管只是拿着微薄的工资，但是热情依旧。在那个生活质量有限，吃不饱、穿不暖的年代里，从参加工作到支援建设，风风雨雨中她们既平凡又伟大。人们充满崇敬地将这样一个特殊的团体评价为"行动军事化、劳动集体化、思想革命化"的队伍（图6-7、图6-8）。

图6-7　"102"五七家属连
（图片来源：湖北工建提供）

在"备战备荒为人民"和"好人好马上三线"思想的号召下，一批批"102"建设者响应国家号召，来到十堰二汽的建设工地上，将自己的青春热血挥洒在三线建设的土地上。在完成二汽早期紧迫的建设任务后，"102"建设者更是秉承"献了青春献终生，献完终生献子孙"的奉献思想，扎根在一个个建设工地上。除了技术工人、管理人员、家属连外，还有很多"102"建设群体与个人无法全部提及，但是他们都在国家的号召下，出现在国家最需要的地方，为国家建设贡献自己全部的力量。正是这一件件艰苦奋斗的往事，构成了

———————————

①　中国人民政治协商会议湖北省十堰市委员会文史和学习委员会．十堰文史［第十五辑］三线建设·"102"卷（上）［M］．武汉：长江出版社，2016．

图 6-8　1974 年，湖北省建委第一工程局加工厂女工绑扎钢筋

(图片来源：郭迪明先生提供)

"102"建设者这一特殊的历史群体，并塑造了强烈的集体认同感与自豪感。虽然 102 工程指挥部已经随着三线建设成为历史，但正是这段作为"102"群体的奋斗历程，构成了如今湖北工建企业历史中精彩的一笔。

6.2　施工动员形式

　　为了快速建设一个大型现代化的汽车制造厂，合理的施工组织在施工中不可或缺。建筑施工组织是以所建建筑物或结构物的平面立体布置方案和结构为基础的，同时在建筑物或结构物的设计中必须考虑到建筑工程施工上的要求[①]。大型的建筑工程施工是多个施工过程的组合，组织一个建筑工程施工时，必须保证所有工作地点上的一切工人互相协调一致地工作，保证顺利完成单个建筑物和结构物建筑工程，或全工地性工程中和准备工程中所有的一切施工过程。

---

　　① 乌霍夫.工业及民用建筑施工组织与计划 ［M］.陈大强，译.北京：高等教育出版社，1957.

"102"在二汽建设过程中通过传承和创新施工组织形式，克服重重困难，最终成功完成了二汽建设，其建设期间的施工组织创新不胜枚举，此处以二汽建设中常见的"大会战"、劳动竞赛和思想学习这三种形式展开讨论。这也是工地社会常见的工作形态，以"时刻准备打仗"的类军营的组织和活动训练方式加速工业化。

1. "大会战"

"102"建设队伍传承了部队时期的动员模式，若某项工程遇到了难以克服的困难，便集中力量将其作为作战任务去突击完成，制订计划投入"战斗"，以保证建筑项目在要求的时间节点前顺利竣工。据资料记载，仅 1975—1977 年，围绕二汽建设便集中组织了大型屋面板生产、吊装工程、土方施工、黄龙引水工程等九场会战[①]。

下面以湖北工建建设二汽相关资料中两场有着完整记录的"建筑会战"为例。

（1）砼浇筑施工大会战。

六团会战前各营动员，除团部、营部、食堂、医院留人值班外，其余人员，包括各级领导干部都到现场参加劳动。由于当时缺乏机械设备，沙子、石子、水泥全靠人工现场搬运。

（2）茅箭河砂石会战。

在茅箭工程项目中，五团遇到了砂石材料供应不足的问题，针对此问题，上级马上号召人员支援，各团营派人参加，从而组织了砂石会战。会战汇集了上千人，在茅箭河畔，不管是工人还是领导，甚至当地百姓一起上阵，在水中人工捞砂石，会战现场大家干得热火朝天。

这些会战都展现了工人们守纪律、听指挥、讲贡献、不怕苦、不畏难，集体协作的优良品质。

> 战果是可观的，那场面也是感人的，不分男女老少、干部工人、领导百姓，一起上阵。当时五团革委会主任、茅箭片负责人，后来的副局长马凤山，秃着个脑袋大着个嗓门，就在我身边跟大家一起干得热火朝天，第一次见到他就留下了深刻印象。
>
> ——舒采润《难忘的三线建设岁月》[②]

---

① 十堰市地方志编纂委员会. 十堰市志（1866—2008）［M］. 北京：中国文史出版社，2014.

② 中国人民政治协商会议湖北省十堰市委员会文史和学习委员会. 十堰文史［第十五辑］三线建设·"102"卷（上）［M］. 武汉：长江出版社，2016.

"献礼会战"即为了庆祝某个特殊的历史时刻或事件，要求工程在特定时间前完成而组织的建筑"会战"。工程处为了又快又好地早日完成施工计划，经常组织多种形式献礼的活动。有为实现"开门红"的，有时间过半、任务过半的献礼活动，有向元旦、"五一""七一""十一"等节庆日献礼的活动，有为迎接国家重大政治、经济、文化活动的献礼活动。每一个献礼活动，都有明确的目标：为某项目交工，为某计划完成，为某指标突破。配合献礼的内容，工程处提出了例如"决战四季度，迎接××年""向五一献礼""向国庆献礼"等众多口号，这些口号在明确设计任务的同时也起到了鼓舞人心的作用。动员会、誓师会、推动会、表彰会经常有，奋斗口号不间断，全体参战人员以"活着干，死了算"的精神奋战在各个建筑施工现场（图6-9），并最终取得大会战的一个个胜利。正是这一个又一个的大会战，二汽建设才能顺利按期完成，"献礼会战"也延续至今。

图 6-9　"102"在二汽建设中土方石、战顽石、打基础施工现场

（图片来源：湖北工建提供）

2. 劳动竞赛

在如火如荼的建设热潮中，每个施工小组常常以劳动竞赛的方式向各组工友发起挑战，你追我赶争取超额完成生产计划。劳动集体之间、建设小组之间相互竞赛，并将优胜小组的各项技术指标在黑板上公布。劳动竞赛不仅促使"102"建设者通过实践不断提高劳动生产效率，还在于通过学习交流、学习先进经验、改进工具，提高生产施工技术质量。

这真是一个硬碰硬较量的夜晚！原本二连两个班组一天结构安装也就是三到五榀梁，突击队一较劲一个夜班就完成四根梁的安装。突击队的快速施工，大大地刺激了二连的弟兄们，平时在一起就爱比拼的两个连队，谁都不愿意放弃这样一个竞赛机会。随着一连的进度加快，二连弟兄们也紧张地跟进，突击队年轻的好事者们看着落在后面的兄弟连队，嗷嗷地起哄。竞赛不用组织自然形成：你这边吊起一榀梁，我那边赶紧扣板紧追；突击队这边打破工种界限，二连那边工种也不分你我；双方机车的油门都恨不得拉到最高转速；突击队吊装四榀梁，二连的班组也奋起紧追。

——刘凤鸣《魂牵梦绕忆白浪》①

刘凤鸣的描述可以生动地体现出劳动竞赛对于工人积极性与施工效率的作用。这种集体竞赛通过协作，使工人们自愿承担相对应的工作量，各工作组和工作段之间，互相提高、互相帮助。在竞赛过程中，由竞赛双方相互检查各人完成所承担任务的情况，从而达到提高建设效率、质量，降低成本及超额完成计划等目标。施工现场的劳动竞赛有别于普通竞赛，劳动竞赛作为社会主义竞赛，其目的不是争个高低，而是工人之间互相帮助，拓展学习知识技术，争取提高劳动生产率，节约材料、技术资源和降低成本。不只是工人之间配合更加紧密，关系更融洽，劳动竞赛也加强了与技术人员的紧密合作，在竞赛中共同研究技术、提高技术、推广技术与优秀的工作方式。

3. 思想学习

施工组织创新是施工方法及安排计划上的重大变革，而在实践过程中必然会遇到各种旧的工艺与固有施工习惯的羁绊。因此，在进行技术革新的同时，与之配套的思想学习也十分重要，如果思想问题不解决，建设施工就不可能顺利进行。在二汽建设期间，党团组织已恢复活动，组织在各项工作中发挥了重要的作用，主要活动是思想学习，协助搞好宣传鼓励工作。

在施工前期，党组织会对工人们反复传达贯彻党"多快好省"的建设社会主义总路线，加强思想建设，使每个职工能够在思想上明确快速施工就是贯彻实现总路线的具体表现。施工建设中"先生产、后生活""自力更生"等方针与思想教育对建设者们起到了在施工前打下思想基础的作用。虽然在实践中仍会遇到部分工人在思想上有阻力，但针对不同的问题，党组织会采用不同的方法进行思想补课②。

在艰苦的建设任务中，思想学习也一直没有落下。在施工前进行政治动员，在施工中进行政治教育，在施工后进行总结与反思。对于施工建设中出现的问

---

① 中国人民政治协商会议，湖北省十堰市委员会文史和学习委员会．十堰文史［第十五辑］三线建设·"102"卷（上）［M］．武汉：长江出版社，2016.

② 郭守玉．变迁——武当山下十三秋［M］．北京：中国文化出版社，2014.

题进行思考，同时对在施工中做出贡献与对于施工建设有促进作用的事迹进行表扬与宣传（图6-10～图6-12）。不仅如此，还会定期召开座谈会，解决工人和各工种之间的配合问题与思想问题，针对暴露出来的各种问题进行教育。每个营、每个小组都会自发组织思想学习，群众之间互相帮助进行思想教育提升。自此，"102"建设队伍每天上班前进行思想学习，学习毛主席语录和报纸时事，每周还有半天停产学习，定期的连队大会，月、季、年总结会按期举行。

图6-10 1982年，三公司先进生产工作者总结表彰大会

（图片来源：湖北工建提供）

图6-11 1977年湖北省第一建筑工程局召开抗洪救灾表彰会

（图片来源：韩顺明提供）

图 6-12　由建工部八局和北京三建人员组成的"102"机运团吊装营先进表彰合影
(图片来源：湖北工建提供)

所谓"天天读"就是早上上班，都到办公室来，大家都有小红书，由学习小组长选几段共同宣读，一般每天读三段。没读多久，管质量检查的张金声建议天天读改做一人读，大家都听着，不是很方便吗？都感到建议提得好。每天由新分配来的大学生毛洪渊负责读三段。

从此，四团一营生产组的思想学习"天天读"作法，其他职能部门也效仿，小毛不愧为大学生，每天选三段，一般内容较新鲜，文字较长，且有些针对性。

——郭守玉《变迁——武当山下十三秋》[①]

思想工作的目的除了调动群众的积极性，同时也保证生产建设中的质量与安全。仅仅宣传是不能满足生产建设需求的，"生产必须安全""百年大计质量第一"等方针除了以宣传的形式出现在标语、口号、黑板上，还需贯彻落实在建设施工小组中，各个小组内部设立检查员，实行多方、多次检查，确保施工质量与建造技术。工作生产中还要注意小组成员的政治品质与技术水平的配合，有思想学习不到位的，未能与成员相互沟通，又没有进行很好的教育，会致使影响整体生产进度，破坏整体团结。

---

① 郭守玉. 变迁——武当山下十三秋 [M]. 北京：中国文化出版社，2014.

推行先进生产方法和经验，贯彻民主改革，向职工们进行充分的思想动员，扫除一切思想阻碍，坚定接受新事物的决心，从而发挥劳动积极性和创造性。在面对困难时，依然能热情饱满，积极努力地创造出更高生产力，这才是思想学习的最终目标（图6-13）。

图 6-13　"102"建设者思想学习

（图片来源：湖北工建提供）

6.3　施工组织创新

"102"的二汽建设者们，军人般听从国家安排来到十堰山沟，在深山里摆开"战场"。在二汽建设的艰苦日子里，"102"建设者没有节假日，不管刮风下雨等任何情况，全都战斗在建设工地。二汽建设全面铺开，战线长、任务急，各级"三线"建设指挥部都把抢时间、争速度放到了突出地位，可以说二汽建设的成功，归功于施工组织的创新和所有人员的密切配合，具体可以总结为以下四个特点。

1. 组织军事化

组织军事化保证了施工队伍行动战斗化、生活集体化，贯彻"劳武结合"的方针。在劳动组织方面实行军事化，"102"土建公司和安装公司均称为工程团，往下设营、连的编制，按军事编制设团长、政委、营长、教导员、连长、指导员。将职工编制为民兵营、民兵连，整队上下班，任务的下达按军事组织的形式贯彻。这能加强职工的组织性和纪律性，如军人般迎难而上的战斗，保证快速施工计划的顺利进行（图6-14）。

图6-14　由中国人民解放军建筑二师集体转业的战士们及军事化施工现场

(图片来源：湖北工建提供)

在建设队伍组织形式军事化的同时，自上而下还贯穿着一条红线，这就是党的领导。党的组织建设，党支部建在连队，各连再根据各连的党员人数建立数个党小组，除了参加党务学习及党员会议以外，还要做好"吐故纳新"的发展工作。有了以上的党政机构做组织保障以后，各个连队的生产任务才能顺利完成。为了加快三线建设的速度，确保工程质量，防止出现安全事故，营、连级还经常召开相关工种人员的不同会议，传达党的方针政策，总结工作经验，布置生产任务，表扬好人好事，纠正歪风邪气。更多的是召开与生产任务有关的班组长会议，解决生产一线存在的问题。在战斗动员会上，全体职工坚决表示，领导指向哪里就打到哪里，不获全胜决不罢休。在会战当中，职工以顽强斗志为完成任务昼夜奋战。

2. 劳动集体化

二汽建设大军奔赴偏僻落后的鄂西北山区，在创业建设中以集体作战形式开展工作。这种以集体为组织的施工方式，发挥广大工人的生产积极性，缩短了工程的期限，大大地提高了劳动生产率，改善了工程质量。

在集体建设生产中，合理分工、人尽其责是最重要的。"102"管理人员将工人们组织起来，以集体的方式进行施工生产，按照技术等级合理分工。非技术或简易操作由学徒或无技术工人担任，比较困难的技术操作由技术较高的师傅担任。这样就能解决技术人员匮乏的难题，并将劳动效率提高。

在这艰苦的岁月中，在这个大集体里，不仅是建设职工在生产一线战斗，还有一部分三线职工家属也活跃在建设工地上。她们主要从事建筑材料装卸、运输、施工现场清理、仓库材料搬运等繁重的体力劳动，劳动强度远远超过了妇女的生理极限。她们牺牲个人时间，没有节假日，无私奉献，加快了二汽建设的进度（图6-15）。

图 6-15　二汽建设集体施工现场

（图片来源：湖北工建提供）

3. 生产专业化

在生产上为了加快建设，需要将技术与劳动密切地结合起来。在二汽建设中，让"102"建设者各显所长，体现出生产专业化的特点。根据每个人的特长和能力，固定工作岗位，重复着单纯的操作，不仅节省了倒换工具的时间，而且提高技术熟练度，并能减轻疲劳。技术水平不同的工人和学徒搭配在一起工作，各尽其责，相辅相成，减少技术工的非技术操作，高效利用时间，节省材料，生产效率与工程质量也得到了有力保证和不断提高。这不但节省了大批劳动力，而且为迅速、大量地培养技术人员创造了有利条件。同时在生产过程中改善了师徒关系，不仅使职工之间更加团结，也让学徒们迅速成长，为他们成为生产骨干和能手打下了坚实的基础。

4. 作业立体化

以往建筑工业施工是大面积的平行流水作业，通过学习苏联先进经验并综合我国建筑工业情况，"102"创造出立体交叉作业法。在"102"组织建设中，各个施工工序紧密搭接，每个工种的工作布置采取平面立体、内外上下、紧密交叉、齐头并进的施工方法，这和以往按部就班的分段平行流水的施工方法有显著的不同。这样的先进工作方法有分段连续砌砖法、连续抹灰法等。

分段连续砌砖法的工作布置必须按工程具体情况确定，将建筑物划分为合理的工作范围，每个工作组分段完成，并以合理地使用劳动力，不浪费人工为原则，依照具体工作情况和技术等级，确定劳动组织。每组一般可分为二人小组、三人小组等。操作程序上按工作范围轮回操作，架子工、运输工和瓦工紧密配合，保证连续循环。这种新的砖砌方法，四个工人（两个瓦工、一个学徒、一个普通工）一天可砌5700块砖，生产效率提高128％，而且保证了横平竖直、满铺满挤的标准质量。

连续抹灰法的工作布置是按抹灰的总面积划分工作区，然后由不同效能的小组在指定的工作区内进行作业。首先由一个技工领两个徒工抹第一层麻刀灰，干至适当程度时，徒工在技工的领导之下在棚角上抹灰，技工在徒工施工之后勒灰线，砂子灰小组的技工负责掌角抄平，较差的技工或徒工跟着抄出的平线进行工作。抹灰工实行新的连续抹灰工作方法，生产效率也显著提高。

三线建设任务繁重而紧迫，在这种情况下，先进的施工工作方法的推行，不仅解决了技工缺乏的困难，还为建筑业的改革与发展助力。施工组织的创新无疑使劳动生产效率提高，并加速使我国建筑工业走向设计标准化、施工工厂化及机械化的道路。"102"这个代号虽然现在逐渐被人所遗忘，但是当时所代称的建设大军在建设过程中所展现的斗志和精神，以及建设所采用的技术与革新，施工的管理与组织等，都体现了"102"建设队伍的意志和素养，并激励了一代代建设者！

附录

"102"建设者
口述访谈

受访者：艾金汉（艾）

采访人：李登殿（李）、曹筱袤、马小凤

访谈地点：湖北工建三公司家属院

受访时间：2020 年 11 月 7 日

李：您是什么时候开始来到十堰市工作的？

艾：我是（19）69 年 9 月份来十堰市工作，隶属北京三建。

李：您能介绍一下刚到十堰时候的生活条件吗？

艾：当时有简易食堂，就是芦席棚，1969 年来吃住都是芦席棚，我们没有固定的食堂，有两个炊事员，大家就端着碗吃饭。

休息时间有人组织学毛主席语录。当时没有活动场所，食堂不仅是吃饭的地方，还是跳舞的地方。我们公司有电影放映员，每天放露天电影。一场电影，有好多人（来看），当地老百姓挺稀奇，也来看。原来我们三公司组织了一个白毛女剧组，搞得不错。（剧组）还拍了一部剧叫《妈妈》，演员都是武汉来的，演得不错。

李：建厂时和当地公社的农民关系怎么样？

艾：关系好得很。施工的时候要多少人都给你派，年轻人也都挺能干的。我们也帮忙他们做事情，有时候去镇里帮忙捎个东西，有时候帮忙割麦子。工资大家都一样，38 块 7 毛 4。

李：您参加过干打垒吗？

艾：当然参加过。（干打垒）里面三种材料，有泥土，有白灰，有沙子，还有几种，拌好后使劲砸就行了。

李：您了解二汽厂房的建设过程吗？

艾：我当然了解。比如 42 厂厂房的 19 根柱子都是预制构件，在预制件工厂生产完运到工地吊装。有一些异形的钢筋混凝土柱子则由工人在工地现场进行土模浇筑。设计图纸下来以后，首先由技术员看图，构造要点和关键尺寸都掌握了以后，再指导工人进行施工。当时很多二汽工厂是中南院设计的，他们出完设计图，就按图生产构件，生产完后在施工现场立起来，组织吊装。

李：您能介绍一些预制件厂吗？

艾：工厂全名叫湖北省工建联合加工厂。加工厂和我们一处、二处、三处是平级的。预制件大多通过"地模"技术生产，把地模一"搞"，钢筋一"放"，预制件就生产出来了。二汽现在厂房都可以看到当时生产的预制件梁柱，通过模具制作的预制件生产周期短，也就是一个多月时间，一个厂房的预制件就全部搞完了。

受访者：杨国志（杨）
采访人：黄丽妍（黄）、曹筱袤、马小凤
访谈地点：湖北工建三公司家属院
受访时间：2020年11月7日

黄：请您简要地介绍一下个人情况。

杨：我出生在辽宁，1957年到内蒙古呼和浩特，1958年在建工部二局华建联合加工厂工作。1969年12月从呼和浩特市调到十堰二汽工地，家人是1975年过来的，2003年在十堰退休。

黄：您能介绍一下刚来十堰时候的情况吗？

杨：刚来十堰的时候住在老乡家的堂屋里。我们是从丹江坐汽车过来的，行李跟着汽车一块带过来，当时这个地方什么都没有。提前来的同事帮我们安排一下住房，安顿之后紧接着就开始进行工厂建设。首先是平整场地，建筑材料主要是从十堰市外运进来的，成袋的水泥从车上卸下来。我被分配到预制厂，预制厂没有什么厂房，就是一个开放的场地。

黄：请您介绍一下预制厂吧。

杨：预制厂又叫联合加工厂，厂内应该是三个车间，分为三个连部：13连、14连和15连。三个车间分别为木工车间，专门给土建处做门窗、制模。军工车间做大型厂房的钢屋架。预制车间制作预制板，空心楼板也"打"过，当时生产的楼板和大型屋面板都是预应力的，更耐拉、更结实。

黄：介绍一下预制件生产情况。

杨：预制厂没有厂房，所有的预制件都是室外作业，露天就可以直接"打"预制构件。工人也比较辛苦，下着雨也在外面作业。预制件厂直到1990年后才有办公楼，在此之前连办公都是露天的。

黄：为什么厂区是露天的？

杨：预制件太大了，预制构件的模板长度就将近100米。预制件的宽度就要看场地，场地有多宽，模板就铺多宽。

黄：预制件生产有图纸吗？

杨：预制构件是有固定图纸的，不是厂房那种建筑图纸，是预制构件的图纸。工人在生产预制构件之前是会有技术培训的，学会了之后就可以参与生产了。构件的尺寸大小之类的都是固定的。比如生产3.6米的（预制件），这几天就老"打"3.6米的；"打"4米的（预制件）就都是4米的。根据不同厂的规模选择相应的构件。土建处的工作就是根据要建厂房的规模，去预制厂下生产任务，然后职工就按照图纸开始生产，生产完之后，就拉走送到各个厂区。工厂的施工一般就是打好（地）梁，将预制的构件拉上去，现场吊（装）起来就可以了，二汽所有厂房的预制构件都是我们做的。

黄：除了工厂，其他建筑也用到预制构件吗？

杨：除了工厂以外，像住宅、俱乐部什么的都会用。以前几乎二汽所有建筑都是用的这种空心楼板，现在基本很少用了，由预制板搭建的建筑施工很快。

黄：对三线建设时期的十堰市还有印象吗？

杨：那个时候人们的思想都比较纯粹，自律性都很高，都听话得很。那个时候的教育和现在也完全不一样，那个时候就没有什么小偷小摸，住集体宿舍都不会锁门的，夜不闭户，大家都不锁门。

采访人：刘美智（刘）

受访者：林溪瑶（林）、曹筱裒、马小凤

访谈地点：湖北集团三公司会议室

受访时间：2020 年 11 月 7 日

林：能不能请您简要地进行自我介绍？

刘：说说我的经历，我是山东德州出生，从农村出来的。那时候上大学真不容易，我学的是物理系核专业，后来因为我身体太好了就没干本专业了，国家和党的需要就是第一志愿。

林：您是什么时候来十堰的？

刘：我是（19）70 年 4 月份（到十堰市），我们一起（参加）分配的 127 个人都来了"102"。因为"102"隶属建工部，我们这个连队就属于建工（部）。那时候"102"的军代表李海平到江苏农场后，把我们这 100 多人全部要了。我们这群人里有 8 个华侨，当时的要求是华侨不能进山①，他们被分配到枣阳"102"的大修厂，其他人都分配到十堰，参加二汽建设。

林：这一百多人是学什么专业的？

刘：当时南开大学来了 9 个人，其中有 3 个学物理的，1 个学历史的，1 个学政治的。其他学校还有学经济的，学国际政治、欧洲历史的，当时认为大学生是上知天文下知地理的。所以说刚来的时候也没按专业分配。（我）为什么刚开始分配在瓦工班呢？因为是从部队农场接受再教育来的，要来基层锻炼。瓦工班是建筑单位里最艰苦的工作。我当时分配到六团，是比较艰苦的，女同学都分配在其他团了。

林：您在瓦工之后参加过其他工种吗？

刘：瓦工干了有两年吧，两年后（1972 年）军代表重新组织六团的领导班子，就把我安排在三营十连当副指导员。

林：副指导员主要负责什么？

刘：主要是配合支部书记，开展宣传工作。那时候工人都是军事化（管理），上班扛着铁锹，"一二一，一二一"唱着歌，开工程处（文体）大会的时候，一个连全带小板凳，说坐就坐，全军事化排队入场。

林：您在组织工会活动的时候有没有印象比较深的事情？

刘：我觉得文体活动还挺有效果，比如组织篮球队啊。当时"102"有个特点，唱样板戏，一个团一个样板戏。当时六团的样板戏是《智取威虎山》，（演

---

① 进山指进入十堰市山区参加第二汽车制造厂建设（编者）。

员）都是来自内蒙古的，各厂里边都有（文艺）骨干。由于厂里很多活动都是我负责，1990 年之后我在工会当了工会副主席，1995 年工会主席退休后正式接任工会主席。

林： 工会还需要负责什么事情？

刘： 作为工会主席来说，必须站在工人的角度开展工作。职工有困难的、有病的，基层的工会干部都要统计报出来，国家补助一部分钱给他们，公司出一部分钱。公司职工工资总数的 2% 提出来，由工会自己组织财务，这部分钱都花在工人身上，工人有困难了、病了，该买礼品的买礼品，该去家里看就去家里看，该上医院上医院，过年过节都要弄。

受访者：乐淑清（乐）

采访人：黄丽妍（黄）、曹筱衷、马小凤

受访地点：湖北工建十堰办事处

受访时间：2020 年 11 月 8 日

黄：请您先自我介绍一下吧。

乐：我老家是黄冈的，1951 年出生，1970 年来到十堰市参加三线建设。

黄：您刚来的时候有专门的医务室吗？

乐：那个时候条件艰苦得很，教室、医院、宿舍都在芦席棚里。医务室和其他房子差不多，就是在棚子里隔了两间作为医务室。

黄：大概什么时候才有专门用作医疗的建筑？

乐：三线建设时以厂房建设为主，不太重视生活设施。我们在简易房住了好多年，刚来的时候工人都是 12 小时两班倒。

黄：您刚来这里的时候是当学徒吗？是有师傅带吗？

乐：当时来了之后就是赤脚医生，我们所长很照顾我，生活在一块，工作也在一块。我当时工资比较少，所长说他"钱多"，所以各方面都非常照顾我，就和带徒弟一样。

黄：当时您主治的人多吗？

乐：那个年代靠"一根针，一把草"，一根针就是银针，一把草就是药草。我当时进医务室的时候，实习了半个月，就正式上班了。因为我认识一点中草药，所以就经常出去采药。刚开始挖草药的时候只认识几种，每天对着草药书识别它们。后来有经验了，还在厂里办了个展览，展出了 200 多种草药，叫什么名、治什么病都列出来了。

黄：您能帮我们回忆当时在工地看病的场景吗？

乐：当时我们"102"有医院，二汽当时也有 5 个医院。每个营都有 1 个卫生所，每个连队有 1 个卫生员，1 个卫生所有七八个人。那个时候只有医生和卫生员，没有护士之说。卫生所的位置比较随机，最早也是芦席棚，靠近生活区，施工现场一般都会去一两个卫生员，背个医药箱，里面装上碘酒、外伤药、止痛药和消炎药。我当时跟着生产队走了不少的地方，襄樊（现更名为襄阳）有工地我就跟着去襄樊，武汉有工地我就跟着去武汉。

黄：您什么时候退休的？

乐：我是（20）10 年退休的，卫生所是一直存在，我们的卫生所最早是这边的一间民房，后来又到了下面的办公楼，现在这个卫生室是 1988 年的车库改造的。

受访者：查碧霞（查）
采访人：马小凤（马）、杨素贤、曹筱袞
访谈地点：湖北三建三公司家属院
受访时间：2020 年 11 月 8 日

马：请您简单地介绍一下自己。

查：我是江苏常州人，1934 年出生，1955 年从南京建筑工程学院毕业后分配到包头，曾参加了包钢和呼钢建设，前后在内蒙古工作了 15 年。1970 年来到十堰，参加二汽建设。

马：您刚来到十堰的情况如何？

查：我 36 岁来到十堰，我们那时候叫 102 指挥部，我们拖家带口地住在老乡家的房子里，当时住磨坊，后来是席棚子，各方面都比较艰苦。（20 世纪）70 年代初，到处都在盖厂房和民用建筑，条件就好多了，职工会临时住在民用毛坯房里，没有上下水，厕所在外边。进山施工的时候喝水很紧张，要到井里打水，我们买明矾来澄清水。

马：您当时主要从事哪方面的工作？

查：我的专业主要是工民建，一开始是钢筋工，搞钢筋，打混凝土这些工作，当钢筋工工长。设计图中的钢筋表主要是参考，在施工时根据实际和操作要求做配料单，工人拿着这个去施工。

我配料做得比较好，我知道哪一根钢筋要先用，我都写在前面，按施工顺序来搞，施工起来特别方便。后来我做技术员管构件计划，一个工程需要的预制构件、钢构件、混凝土构件等，都要提计划，然后由构件厂加工。施工的时候我们也要去看，天天要跑工地的。我在工程处时做施工预算，1980 年调到公司做全公司的生产计划。

马：您作为女性，经常跑工地，怎样从体力和精力上去克服这个困难？

查：那时候单纯，胆子特别小，但那也得上。那时候工人是计件算工资的，比如钢筋要绑了，我要先到现场去看模板支得好不好，但不要上去影响工人施工，那会影响他的计件工资，什么工地和现场都要去的。还有一次，有个炼钢车间有 20 米高，屋面上要架层钢筋网，我需要通过杉杆和排木做的脚手架爬上去。

马：20 世纪 70 年代二汽建设中，有没有您印象比较深刻的工程？

查：有一次 50 厂做地下室，它比较大，钢筋量大，进度要求很紧，那时候边施工边设计，自己单位和设计单位的人都来参与绑钢筋。我要负责配料、翻样、运输，因为钢筋量太大，铺的面也大，我就得考虑现场怎么才好操作，并且拿起来快。我想了个办法，把地下室的各个面分解，做了一个总的展开图。设计单位来了就知道自己负责哪个墙面，料在哪放着，人去了以后它不乱，一下子就铺开了。

受访者：邱成泰（邱）
采访人：曹筱袤（曹）、马小凤、刘则栋
访谈地点：湖北三建三公司家属院
受访时间：2020 年 11 月 7 日

曹：邱总，听说您是总工程师，能简单介绍下自己吗？

邱：我是江苏泰兴人，1936 年出生，1957 年从电力工业部苏州建设工程学院毕业，分配到华北直属第二建筑工程公司，从木工和钢筋工做起。1969 年调配到十堰市支援二汽建设。

曹：您当时承担的是接触到很多图纸和设计的工作吗？

邱：我们总公司在这边有好几个土建公司，主要搞施工，不做设计。我们签订合同以后，接通知分到工程处，之后分到施工大队，有专门技术人员负责，然后进行图纸会审，会审后开始施工。我们是个综合性的公司，有钢构件加工厂、混凝土预制构件加工厂和木构件加工厂，其他还有安装公司、机运公司、吊装公司、土石方公司，这是全部配套的。

刘：（20 世纪）60 年代最开始建厂的时候，有没有遇到技术性的困难？

邱：技术困难一般问题不大，我们单位以前都干过这种厂房建设，建设包钢啊，一汽啊。

刘：（20 世纪）60 年代的厂房车间一般用哪些材料，构件是预制的吗？

邱：（20 世纪）60 年代的时候啊，都是砖墙、钢筋混凝土柱子、钢筋混凝土屋架，也有钢屋架，上面是大型屋面板。我们盖的房子分两部分，一部分是预制构件，一部分现浇的。预制的有标准图，我们按标准图生产出来，运到现场就可以吊装上去。现浇的就在现场浇筑混凝土，根据图纸设计施工。

马：在二汽的施工建设过程中，有没有咱们自己的技术创新？

邱：施工当中总遇到一些困难，有些东西我们可能之前没搞过。一开始这些厂房我们以前都建过，后来在建设一些大厂房的时候，也遇到过一些困难。

马：有没有让您记忆比较深刻的，给咱们讲讲？

邱：印象深刻的是东风轮胎厂，做了个 48 米的三跨预应力屋架，那个我们过去没搞过，遇到一些困难。它的材料也是特殊要求，是高强钢丝，只有天津一家特殊钢厂生产，别无二家，材料必须到那里专门订货。钢丝要先检验合格，经试验检验，我们再买回来施工。48 米的跨度比较大，我们当时施工有一些难度。

曹：这个难度主要是哪方面呢？

邱：跨度大，预应力现浇板的施工难度大。屋架是薄型的，钢筋从里边穿过去，还要给它一个预应力，强度不就提高了嘛。一些设计的模具和工艺比较难，当时没有 48 米的标准图，我们还成立了一个专门的领导班子去攻克这个难题，工作还是成功的。

马：在十堰市，咱们盖了这么多厂房，您觉得比较典型的有哪几个？

邱：我说说我参加过的，我比较清楚。有 44 厂的大冲车间、43 厂的总装备车间二汽技术中心办公大楼等。

受访者：李继平（李）
采访人：马小凤（马）、杨素贤、曹筱衰
访谈地点：湖北三建三公司家属院
受访时间：2020 年 11 月 7 日

马：请您简单地介绍下自己吧？

李：我是河北献县人，1948 年出生，1960 年去包头，1969 年 2 月 8 日返乡回老家了，回老家以后我们单位招工，我又返回包头。1970 年 2 月 13 日，我从包头参加工作来十堰。我们来的时候是坐车到丹江，十堰不通车，到了丹江以后，从丹江坐轮船到郧县。我当时就在四团二营六连当架子工，从普通工人一步步干起来。

马：您在十堰都做哪些工作？

李：咱到单位一报到就分配工作，我 1970 年来到十堰做架子工，1982 年左右调到了公司工程处的办公室并担任支部书记。1987 年当工会主任，1990 年做过材料股长，1992 年当的总支副书记。大概 1994 年左右，我担任服务公司书记，后边是实业开发公司经理。大概七八年以后，我担任工会副主席一直到退休。

马：您来十堰参加建设，工作中有印象比较深刻的事吗？

李：那个时候条件比较艰苦。起初我们搭架子用的是杉杆，有刺儿，扎得慌。架子工的工作服一年半一套衣服，要不了一年半就穿烂了。我记得最深刻的是在 64 厂，要修一个水塔，发动大家义务劳动往山上背水泥，一个人扛一袋或者扛两袋，我们那时候还编快板，"自古华山一条路，真是一点不吹嘘"。

马：当时的建设工人住在哪里？

李：我们一开始住席棚子，后来是干打垒房子。住的都是临时房子，过去讲"厂房起楼建成，打起背包又启程"，厂房楼建成，背包背起就去干别的去了，形容我们建筑工人都是"造福不享福，栽树不乘凉"。

马：您参与修建过哪些工厂？

李：62 厂和 64 厂是我们六连干的，那时候没有机械，都是人工，土法上马，我们配合吊车，安全保证比较难。二汽急着生产，那时边施工边生产。

杨：工厂的建造顺序是怎样的？

李：先打基础，完了吊装，吊装柱子和屋架，之后盖板，在外头砌墙是最后一道工序。有时候穿鞋盖帽之后就能生产了，来不及就先不砌墙了。

受访者：李国兰（李）、孙海英（孙）
采访人：何盛强（何）
访谈地点：湖北三建三公司家属院
受访时间：2020 年 11 月 7 日

何：请问你们大概是什么时候来的十堰？初来十堰的时候去哪报到，住在哪里呢？

李：我是 1970 年随老伴到十堰参加工作的。当年来的时候先到"五七连"报到，当时是在三处。公司分配你到哪住你就到哪住，来的时候先在老乡的房子住着，后来就是住的芦席棚子。当时一个芦席棚里简单地隔一下，住好几户人家。

孙：我是 1972 年来的十堰，老伴是公司维修队的。我也是先到"五七连"报到，来十堰的时候先住在芦席棚子，后来住的是木头房（木板房）。

何：当时"五七家属连"创立的目的是帮助生产吗？

李：成立"五七家属连"目的是响应邓小平提出的"把家属组织起来，走五七道路"的口号。建筑工程所用的材料都是家属连来装，装了再卸，卸了再装，一个大喇叭在上面说"材料到了"，家属连就半夜三更的去卸，风雨不改，夜以继日地工作。

孙：我们家属连是搞后勤的，我们（两个）都是装卸班，沙子、石子、水泥、砖啊，都是我们装和卸的。三公司的"五七连"有 380 多人，有连长，一正一副，1971 年成立，分为装卸班、库工班、搬运班、缝纫社等单位。装卸班主要负责装卸建筑工程材料，与汽车、货车打交道。搬运班负责用小推车短途运输建材。我们是装卸班，卸石子、水泥。

何："五七连"里有不同的部门？

孙：我们"五七连"全得很，有小卖部、照相馆、饭馆。我们"五七连"的人在缝纫社里工作，以前我们叫"五七家属连"，现在我们叫"迎春综合服务部"。

李：我们还有小工厂，像冰棍厂和压棉花、缝衣服的小工厂，还有托儿所和幼儿园。

何：你们可以讲一下在装卸班中印象比较深的事吗？

孙：当时建二汽，各个大楼、各个厂、家属宿舍，都是我们背砖头、垒石子和矿渣棉（建成的）。六月天热得要死，雨衣一穿，衣服扎到雨裤里，还要戴帽子和防目镜。如果矿渣棉弄到你身上，弄不出来，就要到医院动手术，厉害得很。背水泥的时候水泥还会沾在身上搓不掉。我们把衣服一抽出来，里面的汗水"哗"的一声全倒出来。当时热得很，水都顾不上喝一口。

何：你们会到工地上参加盖房子吗？

李：工地上搭架子、垒砖，都是工人的事，我们帮不了。我们材料都运不完，一天要卸好几个车皮，好些石子、好些砖啊，哪有时间干其他活呢。白天要上班，晚上大喇叭响，就去卸材料，不管天阴或下雨。

何：当时你们除了上班，参加过文娱活动吗？

孙：我们有时间就给孩子的衣服缝缝补补，没有时间去看电影和样板戏。小孩子有时间去看，我们都顾不上，晚上有时间就做一下家务。50厂有自己的露天电影院，六堰那边也有个露天电影院，应该在煤气公司那边。

李：我们哪有时间去看啊。吃完饭，孩子就会拿个砖头或者小凳子去看露天电影。50厂外边有个露天电影院，是三公司搞的，其实就是在一块空地上挂上幕布，电影队拿着个片子在外面放。

2020 年 1 月，三公司离退休干部座谈会

2020 年 1 月，众利工程机械有限公司（原 102 机修厂）座谈会

2020 年 11 月，于湖北工建集团公司襄阳办公楼旧址前调研合影

2020 年 11 月，于三公司退休办对乐淑清先生进行访谈现场

2020 年 1 月，于襄阳市盛丰大院内对原住户进行口述访谈

2020 年 6 月，于三公司退休办内与老员工交流

2020 年 6 月，于三公司退休办与"102"建设者合影

2020 年 8 月，于十堰市东风铸造二厂生活区内对林登义先生的口述访谈

2020 年 11 月，于高洪元先生家中进行口述访谈

2020 年 11 月，于李树芳先生家中进行口述访谈

2020 年 11 月，于邱成泰先生家中进行口述访谈

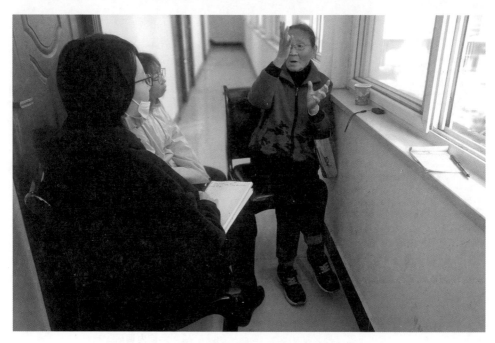

2020 年 11 月，于三公司退休办对查碧霞先生进行口述访谈

良匠开物——湖北工建"102"时期三线建设工程实录

2019 年 8 月，于张玉东先生家中进行口述访谈

2020 年 1 月，丛书编写团队于襄阳市盛丰大院内调研

2020 年至 2021 年参与口述历史访谈的部分 "102" 建设者

良匠开物——湖北工建 "102" 时期三线建设工程实录

　　20 世纪 60 年代，在特殊的历史背景下，在党中央和毛主席的指示和部署下，响应国家"备战、备荒、为人民""加快三线建设"的号召，第二汽车制造厂的建设在湖北十堰地区拉开序幕，由此展开了"102"建设者们又一段波澜壮阔的奋斗史，书写了一段难以忘怀的三线建设岁月。

　　三线建设这段历史记忆在今天看来弥足珍贵。1969 年 6 月起，"102"建设者们陆续从北京、包头、呼和浩特、贵州、湖南、四川、山西、大庆等地开赴湖北十堰，与前期进入的施工力量一起，承担二汽的基建任务。他们不畏艰险、克服困难、自力更生、甘愿奉献，肩负使命感，不懈奋斗，完成了深山造厂的艰巨任务。在战天斗地的生产建设过程中，凝聚出历久弥新、至今传承的"102"精神，与"艰苦奋斗、无私奉献、团结协作、勇于创新"的三线精神一脉相承。

　　50 多年过去了，我们走进十堰和襄阳的三线厂区，考察那些三线岁月中"102"建设者们曾日夜奋战、攻坚克难建造起来的厂房、俱乐部、住宅、学校及食堂建筑，聚焦他们勇于应对难题的精神以及充满智慧的施工技术与施工组织。在档案资料和现场踏勘的基础上，我们选取三线建设时期"102"建设者施工建造的建筑工程案例，包含生产与生活不同类型建筑实例，尝试以追溯建造历程、还原建筑图景、重读施工图档的方式记录和分析其生产建设的历史和成就，梳理建设者的日常生产和生活，来呈现珍贵的集体记忆。

　　我们与建设前辈们对话，聆听和记录他们峥嵘岁月中平凡而动人的故事。"拼贴"和再现曾见证当年岁月的厂区和各类建筑，这是他们心中的"经典"，是见证三线人昔日生活的生动舞台和精神之所。

　　承续 102 工程指挥部的湖北工建，继承"102"和三线建设艰苦奋斗、无私奉献、勇于创新的红色基因和精神财富，用卓越的工程技术、优质的服务在行业领域不断前行。70 年风雨兼程，新一代工建人秉承优良传统，务实担当、与时俱进，为新时代企业的发展注入活力与能量。

本书由谭刚毅、徐利权负责组织调研、确立总体框架、组织编写和统稿修改。其中《良匠开物——湖北工建"102"时期三线建设工程实录》主要聚焦"102"建设者在鄂西地区的建设实践，具体章节编写工作如下：第一章"102工程指挥部与二汽建设"由曹筱袤、陈占祥、刘则栋负责撰写；第二章"工业建筑建设实绩"由刘则栋、何盛强、陈占祥负责撰写；第三章"文体建筑建设实绩"由黄丽妍、曹筱袤、陈占祥负责撰写；第四章"生活区建筑建设实绩"由马小凤、杨素贤、李登殿、王丹负责撰写；第五章"施工技术传承与创新"由陈欣、曹筱袤、李登殿负责撰写；第六章"施工组织动员与工地社会"由林溪瑶、马小凤、黄潇负责撰写。附录部分由曹筱袤、黄丽妍整理完成。本书的篇章结构、主体内容、修改完善以及前言与后记由谭刚毅负责。参与本书调研与资料收集整理工作的除上述人员外还包括刘久民、徐旭、方卿、陈国栋、何三青、王欣怡、吴守亿、刘诗雯等师生。

本书的完成离不开湖北省工业建筑集团有限公司给予的大力支持与帮助！公司领导和相关部门人员多次一同请教湖北工建老前辈们，多次陪同奔赴工作战斗过的天津、包头、十堰、襄阳等地，并给予编写指导和具体意见，可以说无论是在资料收集、现场调研、口述访谈等方面，还是在丛书立意研讨、框架搭建、审核校对以及出版传播等方面，湖北工建都鼎力相助。同时感谢华中科技大学出版社给予全方位的协助。衷心感谢在调研、资料收集、口述访谈、丛书撰写出版过程中给予帮助的所有单位和个人！

本书的出版得到中央高校基本科研业务费资助项目"三线建设建成遗产保护及活化策略"（项目批准号：2021WKZDJC006）、国家自然科学基金"基于'人—物—法'关联的我国三线建设的现代建筑营建与现代性嵌入研究"（项目批准号：52278018）、教育部人文社科青年基金"多维视角下三线建设规划建设史研究：以鄂西地区为例"（项目批准号：20YJCZH192）的资助，特此鸣谢。

一个以建筑施工为主的企业经历了共和国发展的各个时期，参与并见证了各个时期重要的国民建设，厚重的历史、非凡的历程，寥寥几本书难免挂一漏万。

回顾调研和编撰过程仍有不足与遗憾之处，不同时期相关历史资料和工程档案的收集与整理也实属不易。鉴于编撰者能力、经验以及档案资料所限，本书难免有纰漏和不当之处，敬请不吝赐教。

谭刚毅

2022 年 9 月于武汉